藏山蕴海
——北大建筑与园林

（第二版）

方　拥　主编

北京大学出版社
PEKING UNIVERSITY PRESS

序

　　北京大学校园之美，使我们每个工作、学习、生活在这里的师生深感幸运和自豪。这座由外国建筑师在清朝皇家园林遗址上修建而成的近代校园，经过几十年的悉心维护、辛勤建设，已成为融古典韵味与现代气息为一体的学术天堂。

　　在1952年院系调整中，北京大学与燕京大学和清华大学的文理科合并后始迁入燕园。几十年来，北京大学的师生在这湖光塔影陪伴下挥洒着青春与热情，为国家科技进步、社会发展和民族振兴做出自己的努力。未名湖的粼粼波光聆听了无数学子琅琅的读书声；湖畔的青青杨柳送走了一批又一批的毕业生；博雅塔伴随着白发苍苍的学者，不懈地探索社会与人生的真知；图书馆守护着渴求真知的精英，徜徉在学术的海洋。多少个深夜，那些屋檐上的走兽，静静地陪伴着实验室里忙碌的身影；又多少个黎明，那教学楼前的丁香玉兰，用芬芳迎接校园新的一天。

　　相信每个初入燕园的学子，都会喜爱上这个校园；每个即将离开的毕业生，也会对这个校园依依不舍。北大校园的建筑和园林，正如书题"藏山蕴海"的意境无穷，令人流连其间，不忍离去。燕园园林建筑与掩映其间的古典风格建筑和谐相融，一角飞檐，半垄屋脊，亭台楼阁莫不各具风韵。

　　这是一本专门对北大建筑和园林进行解读赏析的书，由我校建筑专业的师生编写。专业的视角和分析，加上对校园的真挚感情，读来不仅让人对北大的校园规划、建筑与园林有了更多的了解，也令这熟悉的园子更显亲切。

　　北大近年来的校园建设成绩斐然，不少新建筑成为高校建筑的典范之作。它们造型凝重、设备先进，为北大建设一流大学提供了必须的硬件设施，与前人留下的古典建筑一起，构成了今日美丽的北大校园。

让师生更多地了解朝夕相伴的北大校园，让游子更深地领略建筑、园林之美，顺承了蔡元培老校长提倡美育的教育理念。同时，由爱校进而爱国，也是教育应有之本旨。当北京大学一百一十年校庆之际，本书得以出版，是件值得庆幸的事。

是为序。

2008年4月2日于
燕园

自 序

2007年末，学校出版社向我们提议，出版一本有关北京大学建筑与园林方面的著作。作为1898年变法维新运动仅存的硕果，北京大学即将迎来110周年校庆。大家商议后，认为这是一件好事，应该承担。很快，这一提议得到了学校主管方面的赞许。可是时间紧迫。从五四校庆日倒推，3月以前交稿，编写时间只有两个多月，期间还要过春节。但无论如何，我们不能也不愿推辞。

北京大学建筑学研究中心成立于2000年，距离将建筑系从北大剔出的1952年，时隔近半个世纪。当年梁思成先生曾在北大主讲有关中国古代建筑的课程，据他自己回忆，课堂上常见二十位左右学生，但注册选课者竟无一人。时过境迁，随着中国传统文化的升温，当年的窘境已经不再。从2002年始，"中国传统建筑"列入北大通选课之一，且得到学校资助。迄2008年春，已经开设七次，每次选课学生在200名上下。作为主讲教师，我深感喜悦。

在教学过程中，发现学生对身边的北大校园建筑尤感兴趣。学生对自己校园的热爱，理所当然，亦为学校事业兴旺发达的标志之一。当然，热爱的前提是熟悉和了解。对于建筑学研究者而言，更应对校园的建筑环境有些理性认识。回想1982年初，我本科毕业报考研究生，四道试题中竟有两道涉及母校的建筑和规划。在出题的老师眼里，爱校和爱国之间显然是有逻辑关系的。

抱着这样的想法，我在课堂讲授中尽量加入有关燕园建筑与园林的内容，希望取得积极的效果。2004年春，我给学生布置了一次文字作业。交来的短文中有一篇颇为滑稽而有趣，作者在认真比较北大与清华两校的标志性建筑后得出结论，北大像庙、清华像墓。的确，在中国人眼里，从卷棚歇山顶的北大西校门进入，越过石桥，在一对华表后面，那歇山结合庑殿顶的贝公楼不就像寺庙中的大殿吗？从弧线拱券的清华二校门进入，在宽阔大草坪的彼岸，那穹隆顶的大礼堂难道不正是永恒纪念性的庄严表达吗？

不久，在北京大学校园规划委员会的例会上，一件不大的事颇令我深思。据报告，北大物理学院在其办公大楼的门面改造中，将竖向半圆拱券状的窗户置于门楣之上。会议室内顿时哗然，好几位委员同时惊呼：北大物理学院怎么变成了清华物理学院？会议很快做出结论，物理学院必须将门楣上的窗户恢复成矩形。此后，在北大奥运乒乓球馆的设计竞赛中，一个以圆形为母题的优秀方案首先被否定，理由与前次相似，圆形不符合北大建筑的传统精神。

为何在北大师生中，会有那么多人执着于某种形式美学？原因何在？显然，这一问题超越了材料、结构和功能的物质层面，从而无法以科技手段做出检测。必须深入精神层面才可能进行探讨。这引起我对中西建筑的结构与形式之间关系的再次思考。

现在的北大校园原为燕京大学的校园，在国内比肩而立的姊妹校园中，她和清华堪称并美。一个充满中国传统的诗情画意，一个洋味十足，这一中一洋的校园设计最初都出自美国建筑师之手。1914年，初次来华的亨利•墨菲在规划清华校园时，将旧日"清华园"静静地保存下来，而在其东、北两边，布置几何形的欧式大草坪以及砖石结构的欧式建筑。1920年，大概已对中国建筑和园林略有了解，墨菲在为燕京大学作校园规划时，将欧洲和中国的传统设计手法熔于一炉。主校门及主教学楼群在未名湖西部，男生宿舍在未名湖北，体育场地与设备用房在湖东,女生宿舍及教员住宅在湖南。中式大屋顶和亭、台、楼、阁一应俱全,甚至将水塔也设计成古代密檐塔样式,置于湖东南方位,以满足中国古代有关规划和设计方面的各项要求。

如今北京大学已被列为国家级重点文物保护单位,保护的对象主要是未名湖景区和原燕京大学校舍。这些建于八十多年前的校舍还有一个大优点,那就是建筑材料之厚重、施工质量之严谨,都是当今建筑难以企及的。

当然,细心人不难看出,在中式的燕园中,挥不去西方建筑师的深层情结。从贝公楼往西直指玉泉山顶,使博雅塔与玉泉塔遥相呼应,形成巧妙的对景。但这毕竟延袭着欧洲教堂的惯例,而与座西朝东的中国传统背道而驰。在两组"品"字形布局的男生宿舍,食堂与附属用房占据着坐北朝南的尊贵位置,居住用房则全部东西朝向。布局上的似是而非,不但未能抓住中国建筑的本质精神,也给使用者带来不便。再看女生宿舍围合的静园,在长方形草地的南面,宏伟的第二体育馆大楼,常年终日投下浓郁的阴影。

我们不能对来自美国的墨菲建筑师求全责备,但也该说一句,面对博大精深的中国传统,想要深切地抓住根本,仅有表面的了解和爱好是远远不够的。

1952年以后,尤其从1980年代开始,清华和北大两所校园都往东扩展。在建筑系师生的努力下,由于原有西洋式样与现代或后现代风格的亲缘关系,清华园建筑的发展显得有条不紊。燕园的发展则始终摆脱不了整合环境的困难,在建筑学理性长期缺位的情况下,师生们洋溢的热情并非总能有的放矢。

近年来,在怀旧情绪的笼罩下,从主流媒体到市井坊间,以北大、清华教授为主的民国学者的风雅趣事成为时尚话题,其热度经久不减。爱屋及乌,反之亦然。作为演绎世俗生活的舞台背景，两座校园的建筑和园林备受关注。各种出版物花样翻新，各类讲座和讨论热火朝天。余"生于红旗下"，余弟子生之更晚。过去的旖旎风光，我们虽竭力追寻，总不免捕风捉影之空泛。但此生燕园走一回，大家皆有感恩之心，皆愿意为之奉献。

此书题名"藏山蕴海"，虽有深情所寄，也是偶得。"藏山蕴海"本是中国古典园林意匠，在有限的空间内，营造出山林湖海的意象，对建于旧园上的北大来说颇为恰切。再者，北大历史悠久，名师大儒云集，在学术和思想上始终走在时代前列，说"藏山蕴海"亦不为过。

《藏山蕴海》的基本内容，是在老师的主持下，经过集体讨论，由学生编缀而成。集思广益勒定框架后，杨兆凯、苏杭、黄晓、黄晔北、李敏分章执笔，邓丹也参与了部分工作。最后经由李敏、黄晓、杨兆凯三位同学和梁勇编辑悉心校对，老师润色定稿，马磊排版付梓。在几个月时间里，大家算是做到了尽心尽力。然而博雅塔如山未名湖似海，我们真的忙得一塌糊涂，结果未必令人满意。圆滑的办法只能是先致歉。学问不精或境界不高的毛病在所难免，编者恳请读者不吝指出，以期将来有机会再版改正。

在本书的资料搜集过程中，得到了北京大学出版社、图书馆、档案馆、校史馆、基建工程部、校园规划委员会以及相关院系的大力支持。没有充分的资料支持，本书的编纂工作是不可能完成的。许智宏校长作序，朱青生教授题跋，为本书增色甚巨。很多师生提出了中肯的建议，并不吝赐图，在此一并致谢。

方拥
建筑学研究中心
北京大学镜春园
2008年4月

再版说明

本书第一版在北大一百一十周年校庆之际出版，次年即告售罄。师生欣喜之余，聚谈修订再版之事，以查漏补缺、正谬刈芜，补初版所未尽。

这次再版吸收了学界的最新研究成果，增补和替换了一些珍贵图档。书的宗旨和体例则一仍其旧。

参加第二版各章撰写工作的是：引言和第一章，杨兆凯；第二章，黄晓；第三章，刘珊珊；第四章，葛峰；第五章，曹曼青。需要特别说明的是，除引言和第一章两版皆由杨兆凯执笔外，本书第一版的第二至第五章分别由苏杭、黄晓、黄晔北和李敏同学执笔，修订者从他们之前的工作中吸收了大量成果。在此应该向参加两版图书编撰的同学致以谢忱，没有他们的劳动，这本小书是不可能出版并持续丰富的。

希望此次修订能够让读者从北大校园中读到更多人文珍萃，此诚观仁游艺之乐事也。

方拥
2013年3月

目 录

序　　　　　　　　　　　　　　　　许智宏

自序　　　　　　　　　　　　　　　方拥

再版说明　　　　　　　　　　　　　方拥

引言　最后的山水　　　　　　　　　3

　1 九三年　　　　　　　　　　　　5

　2 弘雅小识　　　　　　　　　　　10

第一章　西风东渐　　　　　　　　　19

　1.1 西风东风　　　　　　　　　　21

　1.1.1 中国热与中国塔　　　　　　21

　1.1.2 西学东传　　　　　　　　　25

　1.2 拿来的现代化　　　　　　　　29

　1.2.1 初识建筑学　　　　　　　　29

　1.2.2 从艺术学院到工学院　　　　35

　1.3 五四运动与燕园　　　　　　　44

　尾声　别了吗？司徒雷登　　　　　50

第二章　明清园林　　　　　　　　　53

　2.1 自然山水　　　　　　　　　　55

　2.1.1 地理变迁　　　　　　　　　56

2.1.2 水系发育　　58

2.1.3 山体堆塑　　60

2.2 盛世园林　　62

2.2.1 勺园与清华园　　63

2.2.2 淑春园　　70

2.2.3 镜春园与鸣鹤园　　77

2.2.4 朗润园　　80

2.2.5 蔚秀园与承泽园　　84

2.3 校园生态　　88

第三章　近代建筑　　95

3.1 缘起紫禁城　　97

3.2 面对西山的学府　　103

3.2.1 西校门与校友桥　　106

3.2.2 办公楼群　　108

3.3 湖光塔影　　112

3.3.1 未名湖　　116

3.3.2 湖畔七斋　　119

3.3.3 第一体育馆　　122

3.3.4 临湖轩　　123

3.3.5 博雅塔　　124

3.4 静园有姝　　126

3.4.1 南北阁与俄文楼　　128

3.4.2 第二体育馆　　130

3.4.3 静园六院　　132

3.5 燕南别墅　　135

第四章　燕园小品　　151

4.1 有亭翼然　　153

4.1.1 湖心岛亭　　154

4.1.2 翼然亭（校景亭） 155

4.1.3 勺海长亭 156

4.1.4 钟亭 157

4.1.5 装饰与彩画 158

4.2 时光雕刻的石桥 **160**

4.2.1 石拱桥 161

4.2.2 石梁桥 166

4.3 墓碑与雕塑 **169**

4.3.1 墓碑 169

4.3.2 雕塑 173

4.4 清代旧物的前生今世 **177**

第五章　现代建筑 189

5.1 初入燕园 **191**

5.1.1 书院门庭 193

5.1.2 生活院落 195

5.1.3 感今惟昔 198

5.2 校园近年规划与建设 **203**

5.2.1 传统延续 206

5.2.2 现代风格 214

5.2.3 生活起居 231

5.3 风格流变 **234**

主要参考文献

跋　　　　　　　　　　　　朱青生

北京大学校园导览

引言 最后的山水

（章首图）图0.1　未名湖雪景。齐晓瑾摄。

1　九三年[1]

　　这一年，是大清乾隆五十八年，天下升平。七月十五日，由资深外交官马戛尔尼勋爵（图0.2）率领的英吉利使团经过近一年的跋涉终于抵达北京。作为给乾隆皇帝拜寿的贡使，这些英国人被安排在圆明园附近一座雅致的宾馆弘雅园[2]中。经过一个半世纪的沧桑，这里成为北京大学校园的一部分。

　　这不是英国第一次派出访华使团，之前的1787年，英国派遣的国会议员喀塞卡特在率团访华途中病死，使团被迫返航。但英方对与中国建立更密切联系的热情在此次未完成的访问之后不曾稍减，在充分准备后又遣马戛尔尼使团来华商讨订交、通商事宜。凭

[1]　公元1793年注定要为世人铭记，是年法国皇帝路易十六（1754-1793）伏斩，法国大革命燃起的烛天之火炙遍欧陆，帝制在泰西可谓山穷水尽。

[2]　"弘雅园"的御题似也暗藏玄机。弘，大也。（《尔雅·释诂上》）雅，正也，（《玉篇》）又通"夏"，"中国"之谓。园名"弘雅"，其有"张大华夏"之意欤？

图0.2　1793年英国访华使团正副使乔治·马戛尔尼（George Macartney）和乔治·斯当东（George Leonard Staunton）。马戛尔尼勋爵，曾任英国驻俄国圣彼得堡公使，后英国政府委任他为孟加拉总督，辞而未就，1792年英国政府委任他为访华全权特使，斯当东爵士为副使兼秘书，于1792年9月26日从英国普利茅斯港出发前往中国。引自 Images de l'Empire immobile。

藉海外拓殖及工业革命带来的巨大的收益，18世纪的英吉利国威远播，这个地图上的蕞尔小邦在各大洲拥有辽阔的殖民地，号为日不落帝国。在远东，印度几乎全境沦为英国殖民地。日不落帝国设立孟加拉总督以加强对印度的直接管理，其辖境与中国西藏毗邻，东西方两大帝国的碰撞一触即发。

乾隆五十七年，福康安讨平入侵西藏的廓尔喀[3]，藏地戡乱之后，清廷颁行《钦定藏内善后章程》，确立"金瓶掣签"制度，加强了帝国对西藏的控制。八十多岁的清高宗此时志得意满，完成了自己的"十全武功"，自命"十全老人"。中国的"四荒"与列强的势力范围渐成犬牙交错之势，清王朝的边界日渐清晰，走近的"泰西夷狄"势难以夷狄目之，"天下"的重大变局氤氲酝酿，即将汇成巨流。

依中国传统礼制，天子有德的标志自然是四夷向化，万国来朝。泰西之夷不可谓不远，他们的到来无疑会让中华帝国平添几多优越感。早在1685年，著名的太阳王路易十四派遣六名耶稣会士[4]赴北京，受到康熙皇帝以及中国上流社会的礼遇。1697年，其中一名耶稣会士白晋回法，在巴黎办了一个中国文物展览，轰动一时。自是中国物品成为文雅与高贵的代表而受到欧洲上流社会的追捧，并开始确立了法国汉学研究在西方的权威地位。

泰西法兰西、英吉利无不对中国密切注视，处在康乾盛世的中国却沉浸在自己的繁荣中，对海外发生的一切缺乏兴趣，甚至把旅居域外的华人视同盗贼。殊不知东方朝贡体系身后已酝酿着巨变，新的世界体系正悄然形成。1789年，法国大革命爆发，消息传到北京，中国对在华外国人的行动严密监视，就连被视为技匠和天文学者的西方传教士和欧洲的通讯也受到严格检查。这倒不是出于对泰西之地"佛郎机"人的关心，而是防止法国革命中所鼓吹的种种破坏秩序和颠覆帝制的主张流入中国，妨害帝国稳定。

[3] 今尼泊尔。廓尔喀为其族名，素以强悍著称。清代文献中不称尼泊尔只称廓尔喀。

[4] 耶稣会，天主教中的一个支派。在中西交通史上发挥了重要作用，一方面开创了西方的汉学研究，一方面将西学介绍到中国。1764年在法国被禁止，1773年被罗马取缔。

英使远涉重洋来为乾隆皇帝贺寿，十全老人自是满心欢喜。又闻英国在泰西各国中最为强盛，皇帝对接待英使入觐自然格外重视，礼遇至隆。依惯例，帝国把他们的客人视作来朝的贡使，万万没有想到，激起冲突的关节也恰在此。英国使团是否对此早有准备如今已不得而知，但中国人就与"英夷"在觐见礼仪上发生摩擦显然有些措手不及，最终的妥协据信是双方分别作出一定让步的结果。存世的中西文献各执一词，清廷档案表示使团依例行了三跪九叩礼；而英随团画师亚历山大的画作则刻画了使团副使斯当东之子小斯当东觐见乾隆时以英式礼仪单膝下跪的情形（图0.3）——真相似已很难复原。然而，在亚历山大另一幅同主题速写中，单膝下跪者换成了马戛尔尼，个中玄机谁又能够道破呢（图0.4）。

　　一图成谶。若干年后，亚历山大画中单膝下跪的童子小斯当东将改变东方。阵容庞大的九三年使团抓住这次出使中国的机会，对东方这一神秘国度进行了一次全面深入的考察。小斯当东父亲所撰《英使谒见乾隆纪实》对当时中国的海陆情状并沿途风物述之甚详，使团其他成员也多有著述传世，此行无疑大大增进了西方对中国的认识。小斯当东的兴趣可不止于中国皇帝赏赐的丝绸、糖果之属(图0.5)，返英后，他译出《大清律例》[5]，兴起的欧洲再也不用通过想象来构建中国的法律体系，舆论大哗。当1816年以小斯当东为副使的阿美士德使团来华时，再陷礼仪之争，终未获准觐见嘉庆帝。小斯当东坚持认为对清帝行三跪九叩礼有损英国国体，对此绝不让步，使团于是被逐。

　　多次谋求扩大商业往来未果，英国竟通过向中国走私、倾销鸦片来平衡巨额的贸易逆差。坐看生民疲弊、白银付海，忍无可忍的中国人销毁鸦片，抵制这项罪恶的生意。查禁鸦片的林则徐致函维多利亚女王，责以"以中国之利利外夷……岂有反以毒物害华民之理……试问天良安在？"这正义的要求却成为战

[5] 乾隆五年（1740）颁，例五年一小修，十年一大修。参阅巩涛（Jerome Bourgon）：《西方法律引进之前的中国法学》，载编委会：《法国汉学·第八辑·教育史专号》，2003年，第236-239页。

图0.3 小斯当东谒见乾隆。随父使华的小斯当东（George Thomas Staunton），途中一直跟两个中国人学习汉语，与中国交涉的文书亦多由他誊录。热河观见时，因语熟华言，小斯当东深得乾隆皇帝喜爱，颇获赏赉。可疑的是，这幅图系根据另一幅草图而绘，跪地者为马戛尔尼。引自 *Images de l'Empire immobile*。

图0.4 马戛尔尼谒见乾隆。引自 *Images de l'Empire immobile*。

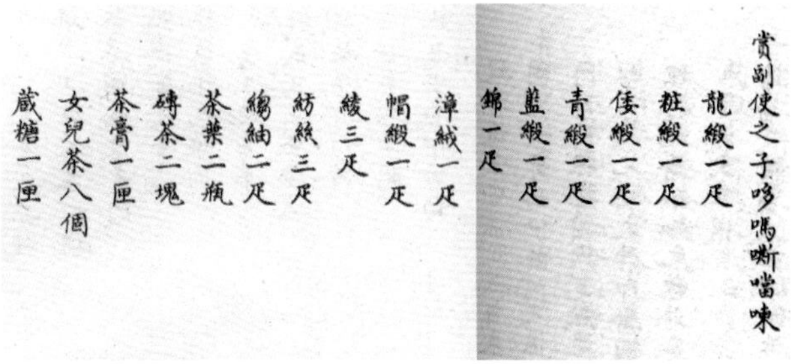

赏副使之子哆哕嘶噹味
龙缎一疋
桩缎一疋
倭缎一疋
青缎一疋
蓝缎一疋
锦一疋
漳绒一疋
帽缎一疋
绫三疋
纺丝三疋
茶叶二瓶
总紬二疋
砖茶二块
茶膏一匣
女儿茶八个
藏糖一匣

图0.5 乾隆赏小斯当东的物品清单。引自《英使马戛尔尼访华档案史料汇编》。

争的导火索，苏格兰的大毒枭威廉·查顿积极策动英国政府对中国开战[6]，小斯当东主战甚力。

1840年，英国议会以五票的微弱优势通过了对华战争的议案。1842年，中国战败，《南京条约》签订。使团未达到的目的通过战争达到了，鸦片贸易也被默许。列强尝到了战争的甜头，就不惜再发动一次战争。1860年，英法联军借换约启衅，攻占北京。此前被清廷拘为人质的巴夏礼等获释，中有二十人瘐毙。"外交人员"遭此虐待，英法联军决心报复，直趋巴夏礼等被囚之处——集贤院，也即是乾隆时马戛尔尼使团曾经居留的弘雅园。近在咫尺的万园之园圆明园遭二盗抄掠。旋以分赃不均，互相指责，最终在英方统帅额尔金勋爵[7]坚持下将名园付之一炬——算是对咸丰皇帝的惩罚。

法国大文豪雨果对圆明园横遭英法联军劫掠焚毁义愤填膺，乐园之失更成为国人难愈的创痛，这爿山水自那时起变得无比沉重[8]。战争永远是反人性、反文明的，我们当然不能指望来中国征战的这伙异邦人是怎样的文明之师，可是经英法联军洗劫后的残园又经国人反复搜括，国运不昌固可搪塞，然民智未开更成为近代以来仁人志士的切肤之痛！

同圆明园一起被毁的，还有中国自发演进的可能，我们的历史被斩断了。中国是被殖民化了、西化了，还是边缘化了？徜徉废园中，山水依稀，草木枯荣，历史的残酷让这残山剩水承载了太多的意义。或许宿命中故园注定荒芜，而我们还要苦苦寻觅。

[6] 从鸦片贸易中赚取的巨额财富使得大毒枭们得以广置田宅，并在英国国会购买席位，左右政局。

[7] 名为詹姆士·布鲁斯（James Bruce），出身苏格兰贵族，1841年承袭第八代额尔金勋爵，其父老额尔金曾在希腊大肆掠宝，甚至不顾建筑安危拆取帕特农神庙上的古希腊雕刻。

[8] "中国人伤悼圆明园一直持续到二十世纪，并成为现代中国民族主义的重要元素。这样的结果肯定会超出额尔金的想象之外，他以为烧毁圆明园只会惩罚咸丰皇帝一个人。"汪荣祖：《追寻失落的圆明园》，第228页。

2 弘雅小识

9 [清]于敏中等编纂，《日下旧闻考》，北京古籍出版社，1983，1317页引《譬䣭》。

10 [清]孙承泽，《天府广记》卷之三十七，北京古籍出版社，1982，574页。

11 [清]于敏中等编纂，《日下旧闻考》，北京古籍出版社，1983，1319页引《长安客话》。

12 此石系乾隆从良乡移置清漪园，取"石岩突兀如青芝出岫"命之"青芝岫"。传米万钟在将此石运往勺园途中，财力枯竭，不得已弃诸道路，"败家石"因而得名。时万钟为魏党所谮，获罪免官，财力枯竭恐怕以偏概全。

13 宋徽宗筑艮岳时采办花石纲，嗜石已臻极致。周密《癸辛杂识》"假山"条云："前世叠力山，未见显着者。至宣和'艮岳'，始兴大役，连舻挐致，不遗余力。其大峰特秀者，不特封侯，或赐金带，且各图为谱。"此风日炽，遂有名石如太湖石、灵璧石、锦川石、黄腊石等脱颖而出，江浙一带的太湖石尤得文人墨客追捧，竟至无石不成园。米仲诏曾任职江南，自然耳濡目染。关于石在园林中的作用，参阅童寯，《石与叠山》，《童寯文集》第一卷，2000，204-210页。

14 [清]于敏中等编纂，《日下旧闻考》，北京古籍出版社，1983，1317页引《譬䣭》。

马戛尔尼使团在京居留的弘雅园，其前身为明代米万钟在海淀营造的私园"勺园"，故址位于今北大校园西南。米万钟，字仲诏，号友石。顺天府（今北京）人，祖籍晋阳，善书法，与松江董其昌并称为"南董北米"。"淀之水，滥觞一勺，都人米仲诏浚之，筑为'勺园'。"[9]园名"勺"取"海淀一勺"之意。勺园颇具规模，《天府广记》载："海淀米太仆勺园，园仅百亩，一望尽水，长堤大桥，幽亭曲榭，路穷则舟，舟穷则廊，高柳掩之，一望弥际。"[10]米氏匠心独运，园寓品题更为人称道，风烟里、色空天、太乙叶、翠葆榭、林于澨……种种会心臻于化境。"仲诏念园在郊关，不能日涉，因绘园中景为灯，丘壑亭台，纤悉具备"[11]，是为米家灯。米氏在京师还筑有湛园、漫园，都人称米家四奇：园、灯、石、童。米万钟好石，则远承其先人米芾所嗜，及至其衰，亦因石而起。颐和园乐寿堂庭中名石"青芝岫"正是米氏遗石，或谓"败家石"[12]。中国传统营建称土木之工，石亦不容小觑，先不说《营造法式》中石作已蔚为大观，磉、础、栏、壁处处用之；园林作为中国传统文化之杰出代表，石在其中或画龙点睛，或反客为主，地位极为烜赫。[13]

勺园之右又有"清华园"，系明武清侯李氏别业，时称李园。勺园成，"李乃构园于上流，而工制有加，米颜之曰：'清华'"[14]。《园冶》谓造园

"三分匠、七分主人",是故勺园澹泊,紧邻的清华园则颇彰富贵。时人叶向高评价两园说"李园壮丽,米园曲折;米园不俗,李园不酸"[15]。天启四年(1624),致仕归里的叶向高邀意大利耶稣会士艾儒略到福州传教,福建士子称艾氏为"西来孔子","三山论学"成一时之盛。艾氏著述颇丰,特别是将西方地理大发现以后的新地理知识传入中国,编成《职方外纪》[16]一书,在利马窦(图0.6)的基础上增补了西方最新的地理知识,付梓流传并多次重刊。入清以后,《职方外纪》被收入《四库全书》,《钦定四库全书总目》指其"所述多奇异不可究诘,似不免多所夸饰,然天地之大何所不有,录而存之亦足以广异闻也"。《皇朝文献通考·四裔考》亦认为该书"五洲之说语涉诞诳",均对该作持怀疑态度,中西方这次亲密接触就这样停滞了,殊为可叹。

康熙二十三年(1684),康熙帝在清华园的基础上改建为"畅春园"供避喧听政。康熙并为皇四子胤禛构园迤北,额为"圆明"(时在1707)。

弘雅园位于畅春园东,依勺园故址而建,圣祖亲题匾额"弘雅园",后赐给郑亲王积哈纳,乾隆四十九年(1710)郑亲王薨,乃收归内务府奉宸院[17],成为官园,配合皇帝园居以为臣僚暂居。马戛尔尼访华时用来安置"贡使",方便他们在圆明园的觐见活动。不将使团安排在京城居住,应也有隔离英人,不使"华夷杂处"的考虑。[18]

弘雅园北毗邻的淑春园,乾隆时赐给宠臣和珅,称十笏园。权相浚池堆阜,营治楼台六十余,房屋逾千间,北大燕园未名湖区的格局自此奠定。[19]昔日畅春、弘雅、淑春、蔚秀、鸣鹤、镜春、朗润、承泽诸园成为北大校园的前身,纵然时过境迁,旧日园林的蛛丝马迹在校园里仍比比皆是。弃瓦残砖、湖石古松,还有那湖心"画舫",无不诉说着这爿山水的身世。徜徉其间,昔日园林雅意,从容得之。

[15] 同上引书,1320页引《帝京景物略》。叶向高,号台山,福清人,万历、天启两次入阁,官至内阁首辅。他是魏党炮制的《东林点将录》中东林党的党魁,为清流代表。在中西交通史上叶亦据有一席之地,彼与利玛窦(Matteo Ricci)的交游传为佳话。

[16] "职方"是收集向中国纳贡国家信息的部门。艾氏就是关于职方所执掌范围以外的国家的纪闻。

[17] 奉宸院,康熙年间设,为管理各园庭的机构。明代北京御园、私园,多归内务府奉宸院执掌,分赐给皇室成员及王公大臣。清制,赐园不能世袭。

[18] 居弘雅园数日,英使以该处"荒秽不饬",获准迁居北京新馆舍。

[19] 侯仁之,《燕园史话》,2008,36-42页。另据岳升阳考订,该园初名"钉春园",后与圆明五园之"淑春园"相混淆,乃亦讹作"淑春园"。见岳升阳、王雪梅,《样式雷图上的春熙院》,载《北京社会科学》2006年第6期,57-61页。清集贤院规模较小,淑春园应继承了勺园北部。

如今，在勺园故址上兴建了勺园公寓供各国留学生居住。几经兴废，勺园默默注视着中华民族的百年奋斗，艰难赓续着中国的开放与自信。长亭蜿蜒，勺荷枯荣，校史馆在小桥流水的画面中若隐若现。北大营旧园之故基，师生纵情山水、寄意琴书，幸甚！

巧的是，民国二十一年（1932）燕京大学购得米万钟《勺园修禊图》，名园旧观赖此幸存，该图现珍藏于北京大学图书馆。修禊，初春三月三日举行，寓意祓除岁秽，获取新生，后演变为文人雅集的盛会。王羲之《兰亭集序》："永和九年，岁在癸丑。暮春之初，会于会稽山阴之兰亭，修禊事也。"曩文人

图0.6 坤舆万国全图。利玛窦绘制，向中国人介绍了当时西方最新地理观念。引自网络。

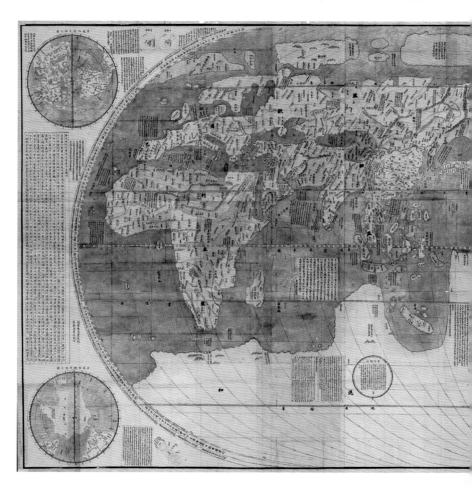

雅士曲水流觞，偃仰啸歌，何其盛也。米万钟勺园甫成，辄效法右军故事，并绘《勺园修禊图》记其盛，可谓一古今而渺宇宙。燕园风雅犹存，未名湖边一座小巧的寺庙山门，唤作"花神庙"。[20]虽不雅训，庶可与右军、仲诏辈神会于斯。

　　从会稽山阴的兰亭，到京郊海淀之勺园，中国古典园林的营造已臻成熟。园林，返璞归真的洞天妙境，可谓中国传统士大夫心目中的理想家园。明末的喧嚣恍如昨日。经济繁荣带来了出版业的发达，市民阶层兴起，对传统士人的知识权威形成挑战。求奇、求古的学风弥漫士林，天主教传教士来华带来的西学

[20] 邓之诚《骨董琐记》云："和相花园名十笏者，赐成邸。在海淀，未久即废。道光初，仅余花神庙，绿野亭。"花神庙额为慈济寺，北向，或以为系观音庙。北大燕南园入口处立有花神庙石碑，是否因此而张冠李戴？参阅肖东发主编：《风物：燕园景观与人文底蕴》，2003，234-237页。另据何重义、曾昭奋：《圆明园与北京西郊园林水系》（载《圆明园第一集》）中所录鸣鹤园平面图（原文图8），鸣鹤园中亦有花神庙。

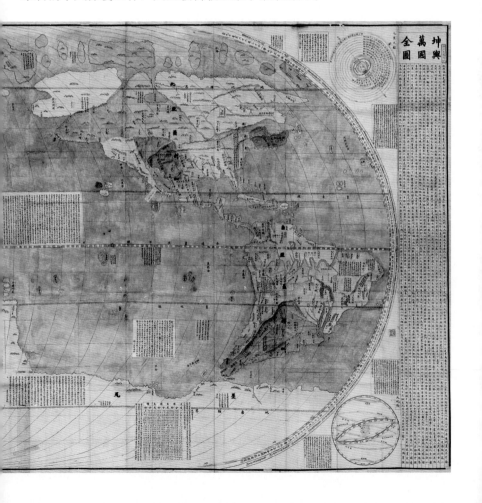

新知让人瞩目。人口膨胀和知识普及造成了社会对精英文化的饥渴，扩大的知识阶层往往隐没市井仕宦无望，山林之趣成为时人的普遍追求。计成的《园冶》应运刊行，为中国造园理论的集大成者。

好景不长，表面繁荣的明帝国难支自身的腐败而轰然倒塌，家国破碎成为士子们所面临的重大命题。入清以后，依然潜流激荡，艺术上，《桃花扇》绮丽哀婉，饱含家国之恨；书法一改明末的奇巧之风，转而求拙求真。学术上，朴学取代了空疏的理学，诸多学术精英沉潜于故纸堆中推原达诂。鼎革之际，《园冶》因裹入与明末魏党阮大铖的纠葛在中土竟形湮没，直到近代才从日藏汉文书籍中被重新发现。

历史不容假设，过去的种种因缘却如此让人着迷——明亡清兴是否将中国发展的另一种可能性给断送了。在明末的一片糜烂与喧嚣之中，士林对"科学"爆发出浓厚的兴趣，一时有李时珍撰《本草纲目》、李之藻陈《浑盖通宪图说》、利玛窦和徐光启合译欧几里德《几何原本》、方以智纂《物理小识》、宋应星编《天工开物》，还有徐弘祖行万里路著成的《徐霞客游记》等一系列"科学技术类"书籍梓行，开辟了中国学术的新天地。[21]反观有清一代，士大夫独尊儒术，对"奇技淫巧"持保守态度，至嗤之以鼻。雅好历算的清圣祖玄烨于康熙五十二年（1713）在畅春园蒙养斋开设算学馆，命皇子胤祉董其事，简臣僚精于天文历算及律吕者入馆译纂，编成《数理精蕴》《历象考成》《律吕正义》等书。逮胤禛即位，畅春园蒙养斋的算学馆因受到政治影响无以为继，可以说康熙皇帝对科学的偏好不仅未能迈出宫廷，甚至也未能泽及他的子孙。

清朝统治者继承了大明江山并开边拓土，殊不知这最后的"残山剩水"岌岌可危，他们对"山水"的喜爱达到了令人惊异的程度，最突出的表现就是造园。康熙、乾隆多次南巡，遍访名园搜罗画稿，在海

[21] 梁启超将徐弘祖、宋应星之著述并欧洲历算学之输入作为晚明学术转向的重要事件。关于西学入华，前述利玛窦事已略及。见梁启超，《中国近三百年学术史》，东方出版社，1996，7-11页。

淀大兴土木。如此大规模的园林建设，就其持续时间、面积广袤、艺术高度而言都空前绝后。通过对历史的夸张复现，他们一再强调自己乃是天下江山的主宰。从秦皇汉武治上林苑凿太液池、宋徽宗营艮岳、有元兴三海，历代帝王造园不绝如缕。逮至清朝，海淀这湾水沼俨然成为帝国的心脏。这里存留了我们民族最杰出的营造技艺，最精妙的匠心巧构（图0.7）。《园冶》几

图0.7 圆明园四十景图之九洲清晏。引自《圆明园四十景图咏》。

佚，然叶洮、张南垣父子作畅春园承前启后，赓续其旨。传统的营造法亦登峰造极，涌现出像"样式雷"这样的营建世家，数以万计的"样式雷"图样、烫样保存至今，成为世界建筑史上的一个奇观（图0.8）。

清朝皇帝对中华文化的热爱和推崇力逾前代，他们扮演的是天朝"中国"的统治者。有清绍续华夏，皇帝是"天下"当然的共主。这个"天下"，要靠"夷狄"认可皇帝的权威，仰赖皇帝的恩泽来维持。传统的朝贡体系在现在看来本来就是一套"中国"本位的不平等"国家"关系，当然，"中国"更多的是指一种文明，而非有主权概念的国家。

庞大的清帝国对西方并非毫无觉察，南部的广州、扬州靠着海运和漕运给中原输入西方的产品，也带来了西式的风尚，包括建筑在内都悄然变化。这种风气不可能不影响到北京，乾隆皇帝下令在长春园北兴建了大规模的西式建筑群，也就不难理解了。当然，这些西洋装饰和建筑也仅仅是作为帝国强盛的附庸和点缀，这个集锦式的园林已经成为当时清帝理想中世界的缩影。正所谓"天朝德威远被，万国来王，

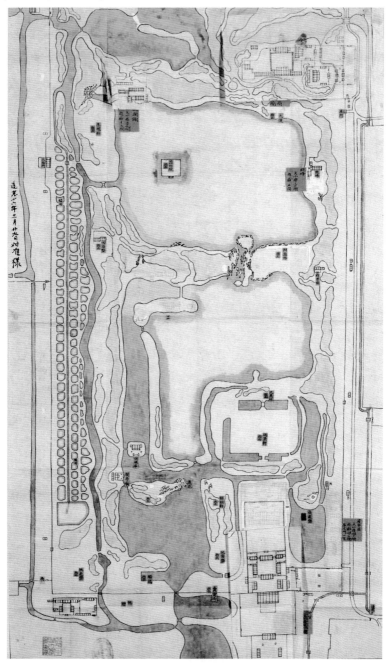

图0.8 样式雷畅春园地盘形势全图。畅春园以明李氏清华园旧址兴建，成于康熙年间。现几湮没无可稽考，北大畅春园宿舍居其址，北大西门西南方尚存园中山门二座。引自国家图书馆主办之"大匠天工——清代'样式雷'建筑图档荣登《世界记忆名录》特展"宣传册。

图0.9 长春园远瀛观正面。可见琉璃瓦顶。引自《圆明园》。

种种贵重之物，梯航毕集，无所不有。"（《东华续录·乾隆五十八年八月己卯赐英吉利国王敕书》）帝王不仅以天下之美为尽在己，而且往往根据自己的喜好随宜改造，可谓古为今用、洋为中用。长春园（图0.9）的西洋建筑顶上覆盖着蓝色琉璃瓦，在皇帝看来，这样才更和他的园子相称吧。清朝覆亡后，来自欧美的建筑师重到中国，同样也把漂亮的琉璃瓦覆盖在自己钢筋混凝土的建筑物上，我们又该作如何想。

历史的洪流把我们推到这"几千年未有之大变局"中。作为回应，清末的一系列改革催生了总理衙门、京师同文馆以及北京大学的前身京师大学堂，中国艰难地迈向了近代化。在如此宏大的背景上讨论北大的建筑与园林、建筑教育并其沿革损益，或可作为中国近代历史之镜鉴。

"残山梦最真，旧境丢难掉。"回顾过往，如何以更开放的心态去认知自己，怎样以更平等的视角来理解他人，或能觅得通衢大道——不仅仅是通向中国建筑之未来。"弘雅"是一个旧梦，更是一个使命。

第一章 西风东渐

（章首图）图1.1　别了，司徒雷登。引自《在华五十年》。

1.1　西风东风

1.1.1　中国热与中国塔

1644年，中国农历甲申年。在北京，崇祯，李自成，吴三桂，清军，你方唱罢我登场，中国最后一个封建王朝"清"建立。

此时，英国资产阶级推动的革命已箭在弦上。诗人弥尔顿积极投身于这场反对封建政权的斗争，史诗巨著《失乐园》成为西方世界脍炙人口的名篇。事实上，对伊甸园（Garden of Eden）的追思并非弥尔顿首创——西方的园林（Garden）概念常常与天堂（Paradise）联在一起，被上帝逐出伊甸园的人类，对于这失去的乐园，怎能不反复咏叹，孜孜以求呢。

回溯到中世纪，在曼德维尔那充满神话色彩的游记中，他到达了位于大地极东的伊甸园，作者访问了契丹王国——即中国，这个地方是如此让人赞叹，光芒远远盖过了东方基督徒祭司王约翰的国土，更不必说西方的基督教世界了。

没错，西方人一直在寻找，他们往往将自己对黄金时代的思念或对乌托邦幸福的渴望寄托在遥远民族的身上——比如中国人那里。古罗马人有句谚语："人离得愈远愈受敬重"，空间或者时间上相距旷远，往往形成有关彼岸的美丽神话。老普林尼笔下的中国人——身材高大，红头发、蓝眼睛，性格温和

（《自然史》）——荒诞可笑，指他们"身材高大"显系恭维，红头发和蓝眼睛则几乎是罗马人对自己的描述。蒙古打通欧亚交通后，威尼斯人马可•波罗得以亲自踏上中国的土地，他的游记浓墨重彩地向西方人介绍了这个黄金国度，游记在欧洲广为流布，将信将疑中激起了人们对中国的无限向往。

地理大发现后，积极对外扩张的西方列强，对华贸易亦得以大大拓展，大量中国商品涌入欧洲，来华传教士的笔记和书信纷纷出版，一半真实、一半想象，西方对中国的狂热也达到巅峰。

在这股热潮下，18世纪的法国启蒙运动思想家伏尔泰尤致力于向西方鼓吹中国之优越性，借以启发民智，重塑法国。他与当时的百科全书派[1]接触到耶稣会士的书信及著述，对中国的认识更有了现实依据。一时间，"中华帝国已经成为特殊的研究对象。传教士的报告，以一味推美的文笔，描写远方的中国人，首先使公众为之神往……接着，哲学家从中利用所有对他们有用的材料，来攻击和改造他们看到的本国的各种弊端。因此，在短时期内，中国就成为智慧、道德及纯正的宗教的产生地，他的政体是最悠久而最可能完善的；它的道德是世界上最高尚而完美的；他的法律、政治、它的艺术、实业，都同样可以作为世界各国的模范。"[2]或模仿中国器物，或采用中国装饰题材，那些带有中国风味的艺术品和工艺品，法国人称之为中国巧艺（Chinoiserie）[3]，成为一股时尚。"中国不存在贵族，公职不可继承，人人都是命运的主人，国民之间没有区别"的说法在西方更是振聋发聩，广为传诵。很难想象，如果没有中国的影响，法国大革命时期颁布的纲领性文件《人权与公民权宣言》（1789）会把"人生下后便是自由平等的。公民的区别只能在于其社会分工的不同"列为第一条。

对于中国建筑的了解，虽不可能像丝绸和瓷器一样迅速、准确而全面地展现在欧洲人面前，但随着

[1] 18世纪法国启蒙思想家在编纂《百科全书》的过程中形成的派别，代表人物有卢梭、狄德罗等。

[2] 转引自陈志华，《中国造园艺术在欧洲的影响》，2006，第87页。

[3] 即中国式装饰风格或者中国式装饰风格的艺术品，陈志华译作"中国巧艺"，或有译作"中国风"者，今从陈译。

这些产品的输入，以及与中国接触日繁，西方人可以通过这些产品上的建筑绘画及传教士或者商人的游记来想象中国的建筑。1665年，荷兰东印度公司来京使节纽浩夫（Johan Nieuhoff）[4]的来华纪事报告出版，其图版对中国建筑始有准确刻画。特别是其中一幅比例尺稍大的南京大报恩寺琉璃宝塔（图1.2）的图样自此在欧洲广为流传，该塔被作为中国建筑的典型母题反复表现，乃至成为西方人的"常识"——这与欧洲人在纪念性建筑（如教堂）上追求垂直构图的自身经验不无关系。在被描绘为黄金国度的中国，总该有些建筑比西方建筑更高大吧，否则其优越性从何谈起？

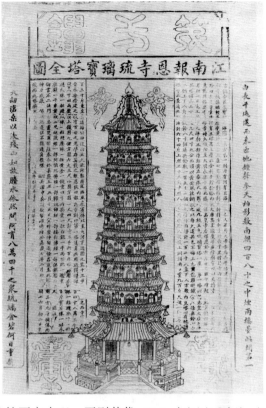

图1.2 南京大报恩寺塔。大报恩寺琉璃塔九层八面，高达78.2米，塔身白瓷贴面，栏杆、券门饰有狮、象等佛教题材五色琉璃砖。刹顶镶嵌金银珠宝，每层角梁下共悬风铃152个，声闻数里，落成起就在各门侧、塔心点长明灯百余盏，日夜不息。殿内佛龛密布，金碧辉煌。时委任郑和等人督造，下西洋余资即耗于建塔。1856年太平天国爆发内乱，该塔被北王韦昌辉下令炸毁。引自 Building in China: Henry K.Murphy's "adaptive architecture," 1914-1935。

好奇的来访者们一踏上中国的土地，便试图为这种观点寻找证据，虽不免失望，但琉璃宝塔以其垂直的体量划破天际线，如获至宝的西方人怎能不大书特书。马戛尔尼使团的随团画家亚历山大也把中国的宫殿、城楼描绘成高大的塔式建筑（图1.3），以渲染中华帝国的国威，维持"天朝想象"的同时更强调了出使的重要性。

1721年，奥地利人斐舍（Johann Bernhard Fischer von Erlach）在其《建筑简史》中辟专章介绍远东国家的建筑，南京的大报恩寺塔又被收录。1757年，英国人钱伯斯（William Chambers）出版了一本介绍中国建筑的书《中国建筑、家具、服装、机

[4] 纽浩夫著有 L'Ambassade de la Compagine Orientale des Provinces Unis vers l'Empereur de la Chine，1665年出版，在欧洲主要国家迅速传播，1669年译成英文出版。详见自陈志华，《中国造园艺术在欧洲的影响》，2006，第22~24页。

图1.3 西方人笔下高大挺拔的中国建筑 在亚历山大笔下，北京的城楼和圆明园的宫殿都处理成了瘦高型，以符合西方人的审美习惯。引自 *Image de l'Empire immobile*。

图1.4 钱伯斯的中国式建筑 可见钱氏对于中国木构建筑已有较准确的认识，为了推销自己的产品，他说中国建筑的比例跟西方古典建筑是相同的。图片来自《中国式建筑设计》（*Designs of Chinese Buildings*），1757年。转引自王贵祥译，[德]汉诺-沃尔特·克鲁夫特著，《建筑理论史——从维特鲁威到现在》。

⁵ 冈大路，《威廉·钱伯斯的中国庭园观》，常瀛生译，2008，《中国宫苑园林史考》（原著出版于昭和十三年，1938），271-276页。

械和器物的设计》，他对中国建筑的理解比其他欧洲人更为深入，并试图以西方古典建筑柱式来理解中国传统建筑的大木作（图1.4）。1742-1744年间，他以瑞典东印度公司押货员的身份来到广州，搜集了一批中国建筑、家具和服装等的艺术资料。作为蜚声欧陆的造园家，钱伯斯对中国园林很感兴趣，曾向一位名叫李嘉（音）的中国画家讨教中国造园艺术，颇得要领。⁵1761年到1762年，钱伯斯在伦敦郊区的丘园（Kew Garden）里造了一座中国塔，八角十层，高48.8米，灰砖造，底层围廊，各层檐上覆盖上了光漆的铁瓦，模仿琉璃光泽，此塔显然以南京大报恩寺塔为原型，不过将原报恩寺塔的底层重檐误作两层，乃由九级变成了十层。中国塔的纪念性就这样得到了西方人的肯定，对塔的执著也成为今后西方建筑师进行"中国式"建筑实践的一大特点。丘园塔建成之后，中国热在欧洲又持续了一段时间。到18世纪末，随着对华联系的不断加深，清帝国的败落气象渐为泰西列强所识，中国的光环也就渐渐褪色了。

1.1.2 西学东传

对海外殊方的文明，中国人态度谨慎，他们更推崇古圣贤的春秋大义，从经典中寻找自己行动的依据。令人惊奇的是，古罗马的老普林尼已经记录了中国人不喜欢跟其他民族往来的特点，这种做派难免让人倍感怠慢。[6]历史上中欧远隔重洋，倒也相安无事，随着交往日繁，这些负面的历史资源就重又浮出水面，发酵酝酿。

马戛尔尼使团并不成功的来访，无疑证实了普林尼的说法。本就富于海盗精神的英国人，看到"闭关自守"的中国外强中干、不堪一击，小斯当东积极主战也就在意料之中了。他们垂涎的是中华帝国背后巨大的利益；或许，还可以让中国人为傲慢付出代价。

然而，清政府对国际大势的迟钝和抗拒令人悲愤。第二次鸦片战争中，两广总督兼管理五口通商事务钦差大臣叶名琛（1809-1859）[7]对家门口的英国侵略者奉行"不战不和不守，不死不降不走"的"六不"策略，至今传为笑谈，叶也成为了清政府庸碌官员之典型。殊不知，即使叶总督没有错估形势——即认定战争一定会爆发，以双方极度不对称的军力，强行用冷兵器与新式火器对抗，其后果也可想而知。这怎能不令颇有政声的叶名琛进退两难？

抱残守缺的中国，如同重病的骆驼苦苦支撑。屡战屡败，条约相继，赔款割地，何啻巨万，"中央帝国"的形象彻底破产。西方列强获得了越来越多的权利——包括在华自由传教、办学，"教会学校"应运而生。无需掩饰，武力征服之后，以传教士为代表的文化征服也就随之而来。坚船利炮加十字架，有意无

[6] 参阅钱钟书，《欧洲文学里的中国》，载《中国学术》2003年第一辑，9-10、13-14页。

[7] 叶名琛，字崑臣，湖北汉阳人。1858年被俘后，因于孟加拉镇海楼，以绝食客死异乡，也算保全了"不食周粟"的名节。

意间促成了中国的现代化。

　　至清末，各大通商口岸以外，不少内地城市都由传教士陆续办起了西式学堂。开始以初等教育为主，后渐拓展至高等教育领域。毋庸讳言，基督教在中国设立高等学校，起初是为其传教事业服务的。光绪三年（1877），致力于在华办学的基督教长老会传教士狄考文（Calvin Wilson Mateer, 1836-1908）在一次传教士大会上发言："在任何社会里，凡是受过高等教育的人必然是具有影响的人，他们可以支配着社会的情感和意见。对传教士来说，给一个人施以完整的教育，那个人在他一生中就会发挥一个受过高等教育的人的巨大影响，其效果要比那些半打以上受过普通教育的人好得多。具有高等教育素养的人像一支发着光的蜡烛，未受过教育的人将跟着他的光走。比起大多数异教国家来说，中国的情况更是如此。"[8]不久，狄考文就在山东登州组建了中国第一所教会大学"文会馆"（Tengchow College）。

　　到19世纪末，真正符合高等学校标准的教会学校已有五所，学生一百余名。北京汇文大学（1888年立）、北通州协和大学（1889年立）就是其中的两所。[9]两校校长因持不同的教育理念而相映成趣，汇文校长阜查理（C. H. Fowler）主张在学校中开展英文教育让学生融会中西，协和校长谢卫楼（D. Z. Sheffield）则坚持用中文办学，以适应当时科举取士的社会需求。20世纪初，汇文、协和合并成立了中国最有影响的教会大学——燕京大学，除以英文教育著称于世外，燕大的国学研究也达到了很高的水平，洪业、顾颉刚、钱穆、俞平伯等先生都曾在此任教。不出狄考文所料，教会通过兴办教育，为自己赢得了主动，对于中国社会的进步更是起到了极大的推动作用。甚至在中国的内陆省份，他们的努力也卓有成效。

　　久被礼乐教化的中国，在教会势力大举办学前，自己的教育体系已很成熟。早在春秋时代，孔子聚徒

[8] 朱有瓛、高时良编，《中国近代学制史料》第四辑，华东师范大学出版社，1993，97页。

[9] 两校成立时皆依中国传统称"某书院"，如通州协和大学就曾先后称"潞河书院"和"协和书院"。

讲学就打破了贵族对教育的垄断；到战国时学术已深入民间，齐设稷下学宫并蓄诸子百家，论学游说之士辗转列国，宣扬自己的政治主张。汉代设太学，立经学博士，奠定了儒学的独尊地位。到了西晋，又分立国子学"殊其士庶，异其贵贱"[10]，与太学并立为"二学"。隋时设国子监总国子学、太学等学，明清之国子监亦兼国子学，仍是对前代太学制度的继承。

图1.5 北京国子监辟雍。引自伊东忠太，《中国古建筑装饰》。

[10] 引自《通典》卷五十三，"太学"。

传统中国以农立国，是一个官本位的集权国家，列四民之首的士子享有较高的社会地位。读书人通过被西方推美的科举考试，就能跻身贵胄，"学而优则仕"，他们承担着天下家国的使命，是国家的栋梁。

学的本字"學"，字头像双手持木构屋，下庇"学子"，极其形象，"学"固不可失所矣。古代中国，学被深刻地纳入了国家礼制之中。太学更是作为国家的重大工程，牵动上下。北京国子监入"太学门"，可见辟雍，模法古制，寰水周堂，是天子临雍讲学的所在（图1.5）。[11]除京师国子监及各省府州县官办学校外，民间亦广设书院讲学授徒，往往应各地宅园之制度而建。

[11] [清]孙星衍，《拟置辟雍议》，《问字堂集》卷二，中华书局，1996，44-46页。

近代以来，国运日蹙。甲午战败，转目东洋，发现明治维新前后的日本已判同霄壤；反观自己，希图以中学为体、西学为用的洋务运动破产，北洋水师的覆没，加上割台赎辽的奇耻大辱，国人皆深感改革之迫切，"变法"已在眉睫，从西方引进法律、政治制度成为必须，兴办新式学堂引进西学的呼声日炽。梁启超说："变法之本，在育人才；人才之兴，在开学校；学校之立，在变科举。"严复说："中学有中学的体用，西学有西学之体用。分之则两立，合之则两止。"在西方冲击下，中国高等教育终于蹒跚起步[12]。

[12] 迄清亡，中国人创办的近代大学仅有四所：京师大学堂、北洋大学堂、上海南洋公学上院和山西大学堂。其中仅北洋和山西两学堂培养出了本科毕业生。金以林《近代中国大学研究》，2000，32页。

北京大学的前身京师大学堂，就诞生于这风雨飘摇之时，注定命运多舛。先是庚子战祸被毁，后随着清朝的覆亡经费无着，几至停办，可不扼腕！

作为国家意志的大学堂究竟应该采用什么样的校园，不是极富礼制色彩的辟雍，也不是如园林衙署一般的书院。在华教会学校的建筑已经引入了新的学校形象。1900年被毁后重修的潞河书院完全采用了西式的建筑风格，可以看作一个西式学院在中国的移植。不难理解，对于中国文化，从顶礼膜拜到粗暴漠视，此时的西方人抱着强烈的教化中国人的文化优越感。于是可以看到，19世纪末20世纪初外国人在华建造的建筑极富殖民色彩——我就是样板。同样的，这些学校建筑是作为西学承载者的形象出现的，无怪乎成为林林总总的新式学堂所参照的样板。作为太学的延续，大学堂采用洋风建筑诠释了大国改革的决心。

中华民国的建立并没有让中国走出困局，帝国主义列强对中国新国家既恐惧又期待，一战结束后他们不公正地处置中国并纵容日本对中国权益的进一步侵夺，这些都在酝酿着一场轰轰烈烈的变革。中国要掌握自己的命运。在这个历史的拐点上，北京大学以及中国的近代建筑史都将翻开新的一页。

变化在19世纪的最后一个十年已露端倪，上海的圣公会学堂圣约翰书院[13]开风气之先，建筑了一座带中式大屋顶的中西合璧式"怀施堂"（Schereschewsky Hall），成为中国近代建筑史上的标志性事件[14]。传教士们已不满足于衣华服、食中餐，除了上帝，他们还带来了科学，将中国"与国际接轨"的同时，还试图保存中国之特质。我们今天在燕园看到的酷似辟雍的姊妹楼南北阁也就不足为怪了。

这提供了一个契机，孕育中的共和中国克绍清王朝箕裘，一样面临西方强势文化输入之挑战，基督教"中国化"的折衷尝试，无疑为中西两大文明的妥协提出了一种可能性。

[13] 圣约翰大学由美国圣公会（American Episcopal Mission）中国教区主教施约瑟（Samuel Isaac Joseph Schereschewsky）1879年创办于上海，初名圣约翰书院，1905年在美注册后，改称大学。

[14] 怀施堂于1895年落成，该堂图纸绘制于美国。堂仿建中式大屋顶，翼角呈曲线形高高起翘，颇具地方特色，是为教会大学中最早的中西合璧式建筑。怀施堂之后，约大又建中西合璧式思颜堂。据熊月之、周武，《圣约翰大学史》，2007，260-274页。

1.2 拿来的现代化

1.2.1 初识建筑学

1898年，戊戌变法，光绪帝诏设京师大学堂，以推广新式教育。大学堂不仅是全国最高学府，且兼为最高教育行政管理机关。可怜百日维新，以六君子赴难、新政尽废而收场，唯大学堂硕果仅存。不料在庚乱中又遭摧残，大学堂总监督许景澄坐罪"主和"被处死，校舍先被土匪抢劫，后沦为德、俄兵营，学生四散，图书仪器不知所踪，学校关闭长达两年。在张百熙（1847-1907）等人奔走下，光绪二十八年（1902）大学堂复校，同时将京师同文馆[15]并入，张被任命为管学大臣。当年奉两宫谕，张百熙"上溯古制，参考列邦"，拟定了京师大学堂暨各省高等学、中学、蒙学章程，获准颁行，这就是中国第一部有关实业教育的系统文件——《钦定学堂章程》，或称"壬寅学制"。次年，张百熙会同张之洞、荣庆对《章程》重加修订，颁行《奏定学堂章程》（图1.6），又名"癸卯学制"。两份章程对建筑学科的课程已经有了详细规定，标志着中国开始有计划地引进西方建筑学。而这建筑科课程，乃是依据明治二十年（1887）东京帝国大学（今东京

[15] 中国第一所培养外语人才的新式学堂，1862年设，并入大学堂后，于1903年改称译学馆，1913年停办。

图1.6 奏定学堂章程。引自《北京大学图史》。

大学）"造家学科"的课表设置的。日本的"造家学科"，在著名建筑家伊东忠太倡导下，已于明治三十年（1897）改称"建筑科"，张百熙便采纳了这个新名词，近代中国开始了艰难的学科移植过程。

终清一代，京师大学堂并未能开设建筑科，这与当时的历史情境有关，对建筑师的需求仍有待中国工业化和城市化的进一步发展。事实上，清末优先培养的是土木工学人才，以纾国困、求富强。土木工学既是官派留洋优先选择的专业，在大学堂开设的第一批本科专业中，土木工学亦赫然在列。旧中国实业落后，铁路、桥梁和工厂亟待大力兴建，正是土木工学的用武之地。再者，中国传统上视营造为"土木之工"，国人潜意识中土木技师就是能工，对"建筑师"这个新职种的认同尚待建立，绝非引入一个新名词么简单。等到一批海外学成归来的本土建筑师开始执业，民众对建筑师的认同才逐步形成。直到癸卯二十年后的1923年，国内才由建筑学海归办起了比较正规的建筑学科。

庚乱后，西化成为一种风尚，为全社会所追逐。西式建筑以其科学、卫生的特点成为进步、文明的象征。当时的人回忆道："人民仿佛受一种刺激，官民一心，力事改良。官工（政府工程）如各处部院，皆拆旧建新；私工如商铺之房，有将大赤金门面拆去，改建洋式者。"光绪三十

图1.7 中海海晏堂及拐角洋式楼。奕劻、李鸿章于1901年从外使建议奏慈禧立该洋楼，专为接见外国使臣，慈禧决定其中陈设，悉用西式，仅御座仍旧。引自《北京近代建筑史》。

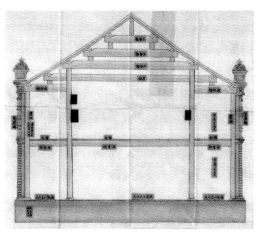

图1.8 中海海晏堂样式雷图样。海晏堂仍然采用中国传统抬梁式木构架，青砖砌筑的墙体虽厚，从画样分析，并未起承重作用。引自《北京近代建筑史》。

年（1904），位于西苑中海的海晏堂建筑群落成，其施工图样仍由清廷御用"建筑师"样式雷完成，他们很轻松地提供了西洋样式来满足太后的新趣味（图1.7-1.8）；在民间，前门商业区重建的商业建筑几乎或多或少地采用了西洋样式。这股席卷晚清、民国的洋式建筑潮流，梁思成指出其不过是"工匠之流任意砌筑之'外国式'建筑"。[16]这些建筑由中国工匠设计建造，他们并没有受过正规的西方建筑教育，多半利用了传统的结构技术，保留传统的美学观念，大量使用中国传统的纹样和装饰，但在局部吸收了西方建筑采用的构件和做法，例如拱券门窗、古典柱式、线脚处理、西洋纹样和装饰之类。乾隆在长春园兴建的西洋楼，可以算是这种风格的祖宗，于是又名"西洋楼式"。这些西洋化的中国建筑，体现了"中体西用"的理想与执着。

大学堂初设，由庆亲王奕劻和礼部尚书许应骙负责工程事务，他们电知出使日本大臣裕庚"将日本大学堂规制广狭，学舍间数，详细绘图贴说"，以备"将来按图察勘地基，庀材鸠工"，同时"权假邸舍，先行开办"。大学堂于是选址景山东面之马神庙和嘉公主旧第，稍事扩充，由总管内务府大臣负责修缮。[17]沙滩红楼建成后，马神庙校区称北大二院。光绪二十八年（1902）复校后，添建了一批洋风建筑，现存中西混合式平房"西斋"学生宿舍（第一寄宿舍，1904）和二层四面外廊式"南楼"（数学楼后改生物楼，图1.9）；另有同时期北河沿译学馆（后称北大三院）建的数栋二层洋楼（今已毁）。从大学堂建

图1.9 二院老生物楼现状。葛峰摄。

16 梁思成，《祝东北大学建筑系第一班毕业》，《中国建筑》创刊号，1932年11月。转引自赖德霖，《中国近代建筑史研究》，155-156页。

17 奕劻，《光绪二十四年六月初二日总理各国事务奕劻等摺》。国家档案局明清档案馆，《戊戌变法档案史料》，1958，266页。

图1.10 《建筑新法》封面，题签者严修，天津人，时任学部侍郎，后创立南开学校。赖德霖评价张锳绪"是目前所知将'建筑'这一新的学科名称、学科内涵及其实际应用原理一起引入中国大学教育的第一人；尤为重要的是，《建筑新法》向中国引介了一种以使用功能为出发点和以结构构造为基础的现代设计方法。"引自《中国近代建筑史研究》。

筑致力西化——不难看出其决心吸纳西学，建立新式教育体系的意图。光绪三十一年（1905）十月，清廷拨德胜门外旧操场东西四百八十丈，南北四百四十丈建大学堂"分科大学"校舍，三十四年（1908）专门管理建筑事宜的分科大学工程处成立。由张锳绪、何燏时、彦德、范源廉和陈嘉会负责规划，除彦德不详外，其余四人均系留日归国，藉分科大学工程，中日建筑师同台亮相，北京大学与"建筑学"这个新事物再次擦出火花，同时也可以看到日本在我国学科移植初期所起到的核心作用。

张锳绪，字执中，直隶天津人，他对中国近代建筑教育有开创之功。张于1893年夏入北洋水师学堂；1899年春赴日游学，1902年获东京帝国大学工科机械专门优等选科文凭；是年冬回国担任平江金矿局总工程师；1904年夏任保定师范学堂总斋长兼教习；1905年，得进士出身，分商部任主事，曾在北京、保定等处监理工程，并曾任农工商部中初两等工业学堂教职和直隶师范学堂监督。因在日留学期间曾"稍治建筑之学"，宣统二年（1910）春，他受命于农工商部高等实业学堂教授建筑课程，并完成《建筑新法》一书。这是目前已知最早的一本由中国人撰写的现代建筑学专著（图1.10）。其重功能和构造的建筑设计思想几乎贯穿了后来北大建筑教育的始终。

何燏时，字锡侯，一字燮侯，浙江诸暨人。1905年获东京帝国大学采矿冶金系学士学位，成为第一位正式从帝国大学本科毕业的中国留学生。翌年奉召至京师任学部专门司主事，大学堂教习兼工科监督，负责筹划和添置大学堂图书、实验仪器设备及建筑校舍事宜。在分科大学工程上，何燏时等主张聘用外国建筑师来设计建造这所现代学校，"大学建筑为永久计画，非可随时增损改益者，且格致工医农各科之实验场、工场、图书馆等均须有专门学智，断非寻常木厂所能包造，燏时等以为延聘外国工程师专司计画实为刻不容缓之图。"[18]宣统元年（1909），学部聘日本人真水英夫[19]任京师大学堂分科大学工程处建筑技师、荒木清三[20]为助手，筹划已久的分科大学工程终于开工。真水设计了分科大学的经科大学讲堂、文科大学讲堂等建筑。当然，这些建筑都是西洋式的。1909年毕业于东京高等工业专门学校建筑科的广东人金殿勋（中国最早的建筑学海归）也参与到京师大学堂的建设中来。翌年，又有毕业于同一学校的赵世瑄加入。这仅仅是个开始，随着中国逐步近代化，对建筑项目的"专门学智"要求日亟，新型建筑师将次第登上建设中国的舞台。

　　宣统二年（1910），大学堂经科、法政科、文科、格致科、农科、工科、商科计七科分科大学开学，何燏时任工科大学监督。工科原拟开设的九门专业中仅开设两门——土木工学和矿冶，学制四年，建筑科未能举办。当然，由土木师而兼建筑师在上世纪初有一定的普遍性，若把土木工学作为近代中国建筑学的预演和过渡，那么大学堂土木工学的落实对未来中国建筑学发展的意义也就得以凸显。一个典型的例证是，北京大学土木工学系1916届毕业生卫梓松后来曾担任国立中山大学建筑系系主任（图1.11）。

　　辛亥（1911）冬武昌起义爆发，全国响应。清廷将"学款移作军费，大学遂无形停办"。1912年，清帝逊位，紫禁城旁的大学堂更为冷落，至有停办之议。校长严复力陈北京大学不可停办才得挽回。继任的何燏时因与当局意见不合，维持一年后亦去职。已建成的德胜门外经科大学讲堂、文科大学讲堂并所剩建材也被变卖，转作军用。直到1917年蔡元培[21]接任校长锐意改革，北京大学才进入其发展的黄金时期。说来也巧，驰名海内的北大红楼也在这年9月落成。大楼呈工字型，采用简化的西方古典式样，地上四层，地下一层，除底层用青砖外，通体砌以红砖，因名红楼（图1.12）。在很长一段时期内，红楼都是北京城

图1.11 卫梓松著《实用测量法》书影。

[18] 何燏时，《筹办分科大学工程意见书》，转引自张复合，《北京近代建筑史》，2004，138-139页。

[19] 真水英夫，1892年毕业于东京帝国大学建筑科，后任日本文部省技师，设计过一些学校；光绪三十二年（1906）始任日本驻华公使馆建筑师。

[20] 荒木清三，毕业于日本工手学校，1909-1912年在京师大学堂的建筑工程中担任技手。后曾加入营造学社为校理。1931年购得部分样式雷图档，今藏于东京大学东洋文化研究所。1932年退出营造学社，翌年在东北去世。参见上引书，80-81页。

[21] 蔡元培，字鹤卿，号孑民，浙江绍兴人。清光绪进士，翰林院编修。光绪二十九年（1903）与陶成章组光复会，次年入同盟会。三十一年（1907）赴德，于莱比锡大学修习哲学、文学、美学和心理学。民国元年任临时政府教育总长，后因不满袁世凯擅权辞去。1916年范源廉电请正在法国的蔡元培归国任北京大学校长，蔡遂归国，于次年1月4日就职。长校期间，实行教授治校，提倡"学术自由、兼容并包"，使北大成为新文化运动的发祥地。蔡主张"以美育代宗教"，曾倡议建立国立北京美术学校（1918），此即后文要提到的北平艺专（亦即北平大学艺术学院）的前身。

图1.13 亨利·墨菲。引自*Building in China*。

图1.12 一院红楼。引自《北京大学图史》。

内最有现代气息的建筑，轰轰烈烈的五四运动，更让它成为北大精神的象征。

1914年，刚到中国的美国建筑师墨菲（Henry Killiam Murphy, 1877-1954，图1.13）在成立不久的清华学校找到了他的事业，规划并设计了清华校园内的四大建筑：大礼堂、图书馆、科学馆和体育馆，留美归来的庄俊担任清华驻校建筑师协助墨菲的工作。这个时期，不少清华人对建筑学产生了浓厚的兴趣，促成了20年代一些清华学子负笈美国专修建筑学，著名者有杨廷宝、陈植、梁思成、童寯等"中国第一代建筑师"，他们几乎左右了未来中国建筑学的发展。

在美国已经出色完成过多所学校设计的墨菲或许对清华学校这样的西方古典式设计信手拈来，但他显然并不止于此。来到北京的墨菲，被这座古城以及帝国故宫深深震撼，曾经在墨菲事务所供职的著名城市规划家埃德蒙·培根（Edmund N.Bacon）推崇北京为"地球表面上人类最伟大的单项作品"，"这座中国的城市是设计作为帝王的居处，意图成为宇宙中心的标志。……在设计上它是如此辉煌出色，对今日的城市来说，它还是提供未来设计意念的一个源泉。"[22]这种壮美体验，成为墨菲许多"中国式"设计的强烈动因。

[22] 培根（Edmund Bacon）著，黄富厢、朱琪译，《城市设计》（修订版），北京：中国建筑工业出版社，2003，244页。

1.2.2　从艺术学院到工学院

　　蔡元培先生主张"以美育代宗教"，美术教育作为美育之重要组成部分，极为先生所重。就任北大校长后，蔡即成立了中国画法研究会，特聘陈师曾（1876-1923）、徐悲鸿（1895-1953）等中西绘画名家指导师生研习画法，还邀本校教员钱稻孙（1887-1966）和贝季美（1876-1941）[23]在会中讲授现代美学。贝是中国著名的早期海归建筑师，他肄业于柏林夏洛顿樊工业大学建筑系，1916年起兼任北京大学讲师、教授，期间是否开设建筑课程不得而知。贝早年就读南洋公学时曾是蔡元培的学生，蔡在莱比锡大学游学期间，与贝也多有交游。泪留日归来的柳士英创办中国第一家建筑系——苏州工业专门学校建筑科后，贝寿同应邀南下任教，其后又随工专建筑科转入国立中央大学建筑系，贝季美先生为我国的建筑教育事业立下的功勋自不待言。当然，贝先生也完成了不少优秀的设计，作为留学归国执建筑业之先驱，梁思成对他的作品称赞有加。

　　还是回到北京。为发展美育，1918年国立北京美术学校成立，这是中国第一所国立美术学校，即后来大名鼎鼎的北平艺术专门学校——北平艺专。1926年三一八惨案后，张作霖控制了北京政府，为削减教育开支，实行"教育改革"令北京国立九校（包括北京大学）合并为"京师大学校"。艺专校长林风眠被迫辞职，艺专改称"国立京师大学校美术专门部"。此时，南方的北伐军一路高歌猛进，全国统一在望。

　　1928年6月，北伐军围北京而克之，改北京为北平，北平国立九校又迎来了由蔡元培等策划的"大学

[23] 即贝寿同，字季眉，又字季美，苏州人。上海南洋公学毕业后，于1910年由苏省官派留德。1915年起，长期担任政府司法部门技正，我国当时的很多法院、监狱多由其主持设计。此外，贝还设计了北京大陆银行（1919初建，1924重建）、欧美同学会（1925）和中国地质调查所办公楼（1927-1928）等建筑。晚年在南京开一家咖啡店。杨永生编，《哲匠录》，2005，227-228页；赖德霖主编，《近代哲匠录》，2006，3页。两书中记载抵牾者，已经笔者取裁。又新获贝蓓芝，《中国近代建筑师贝寿同（1876-1941）》，载《中国近代建筑研究与保护》（六），2008，735-745页，得补先生卒年。

区制"改革。所谓大学区制，是以法国教育体制为蓝本，改教育部为大学院，省区教育行政从教育厅改归该省所属大学区内的国立大学校长总理。北平大学区成立国立北平大学，总领区内平、津、河北和热河的教育。北京大学改称国立北平大学北京大学院，北京艺专则改作北平大学艺术学院。

是年夏，在杨祖锡（1885-1962）[24]的提议下，北平大学艺术学院建筑系创设，是为北京大学工学院建筑系之前身。《北平大学艺术学院学则》（1928）声称："该校以吾国当此人才缺乏之际，正当培植建设人才，故特增设建筑学系。"可见此举顺应了社会对建筑师的需求；至于为何将建筑系置于艺术学院，据该系第一届毕业生黄廷爵回忆，院长杨祖锡"曾留学法国，因此主张中国也像法国一样在艺术学院中设建筑系"，联系当时由蔡元培、李煜瀛（1881-1973）等推动的大学区制教育改革就是模仿法国制度，甚至在拟设的"国立艺术大学"院系组织中加入了"建筑院"；[25]同时，兼任艺术学院院长的北平大学副校长李书华（1890-1979）、首任系主任、教授汪申伯（1895-1989）和讲师华南圭（1877-1961）等均系留法归国人员，他们对法国学制自然倍感亲切。建筑系设于艺术学院可谓生逢其时，"系主任汪申伯，华南圭、朱广才（1905-?）等教员对新增设之建筑系均非常热心，华南圭并将每月应得薪金捐与该系，作为扩充设备之用，建系之后添设的大批图书及测量仪器，即属华氏之捐款在法国订购者。"可以看出，这些同仁对草创的建筑系投入了极大的热情。

但"由于在艺术学院里近艺术较多，与中国情况不适合"[26]，随着大学区制改革的失败，艺术学院亦改回北平艺术专门学校而独立。建筑系最终划归北平大学工学院，平大工学院的前身，正是当年张锳绪讲授"建筑新法"的京师高等实业学堂。在中国，建筑作为百工之事，几为不易之论，建筑系在美术院校转

[24] 杨祖锡，字仲子。先就学于法国大学理化科，后改习音乐，毕业于瑞士音乐大学，工于制印。

[25] 蔡元培，《创办国立艺术大学之提案（摘要）》（原载《大学院公报》1928年第2期），《蔡元培美学文选》，170-171页。国立艺术大学拟设五院或四院（区别在于是否将国画院和西画院合并为一）中，均有建筑院。此对北平大学艺术学院的组织当有影响。

[26] 据赖德霖、徐苏斌对艺术学院建筑系第一届毕业生黄廷爵的访谈记录。赖德霖，《中国近代建筑史研究》，2007，159页。

了一圈后，又回到原地。

北平大学建筑系时期，教师除前面提到的汪申伯、华南圭（授材料耐力学）外，建筑师沈理源（1890-1950）自1930年起就任教职、并于1931、1934年任系主任，讲授建筑设计和建筑图案，还有乐嘉藻（授庭园建筑法）、林是镇（授建筑条例、建筑史）、朱兆雪（授铁筋混凝土设计、制图几何、射影学）等先生执教。今将其中几位略叙如下，俾窥平大建筑系之概况。

华南圭，字通斋，江苏无锡人。1896年中举，1902年入京师大学堂，就学师范馆，是大学堂复校后的第一届学生。1904年以官费出洋留学，于法国巴黎公益工程大学（Ecole Spéciale des Travaux Publics）修习土木工程，1910年毕业，获工程师文凭。归国后，得进士衔。曾在京汉铁路做工程师，由于能力出众，很快进入交通系统的决策层，是早期留洋归来的工程师群体的核心人物之一。历任交通部铁路技术委员会总工程师、京汉铁路总工程师、北宁铁路总工程师和北平特别市工务局局长（1928-1929）等职。1913年华协助詹天佑创办了中华工程师学会，并发行会报，于铁路工程、市政工程外，华老在建筑领域也多有建树。1919年起陆续刊行《房屋工程》系列（1-8编，1919-1927）；《营造法式》重刊后，华在1928年的《中华工程师学会会报》上发表了"中西建筑式之贯通"，从结构力学的角度来探究中国传统建筑，成为《营造法式》的早期研究者。华老与朱启铃先生私交甚笃，中国营造学社甫立，华即列为评议，后改干事会成员。1933年至1937年出任天津工商学院院长，抗战爆发后流亡法国。建国后曾任北京都市计划委员会总工程师，后改任顾问，直至去世。

沈理源，字锡爵，原名琛，浙江杭州人（图1.14）。毕业于意大利拿波里（那不勒斯）大学，初攻水利，后改建筑。1915年回国后任黄河水利委员会

图1.14 北京大学工学院建筑系系主任沈理源。引自《天津大学建筑学院院史》。

图1.15 乐嘉藻，字彩澄，光绪举人，1904年创贵州第一所新式学校蒙学堂，次年创实质学堂，1907年创办《黔报》，1909年被举为贵州谘议局议长，三次赴京请愿要求速开国会。1911年任贵州军政府枢密院枢密员，1913年任天津工商陈列所所长，兼办中国参加巴拿马国际博览会赛事事宜，后补农工商部主事。参加巴拿马国际博览会后，痛感我国场馆之不伦不类，几似仓库，更觉研究民族建筑之必要。引自2002年新版乐著《中国建筑史》。

图1.16 乐嘉藻著《中国建筑史》书影。

工程师，旋去职成为职业建筑师，长期执掌华信工程司。沈先后设计了北京劝业场、清华大学机械工程馆、真光剧场和开明戏院等洋风建筑。1920年，沈对杭州胡雪岩故居进行测绘，所制平面图成为后来复原设计的重要依据，这次对中国古建的科学测绘先于中国营造学社十年；40年代，在沈的支持下，北京大学工学院和天津工商学院建筑系的师生及华信工程司职员顾宝琦等参加了故宫中轴线建筑测绘，这项工作以其数据之精、绘图之美让人称羡。为满足教学需要，沈理源还将弗莱彻（Banister Fletcher）《比较建筑史》（*A History of Architecture on the Comparative Method for the Student, Craftsman, and Amateur*）的有关章节编译为《西洋建筑史》，于1944年在北大印行400册，该作始流行中国。我国建筑学界对弗莱彻氏耳熟能详，由此还演绎出一段关于"建筑之树"的公案。

汪申伯，名申，江西婺源人。毕业于法国巴黎高等专门建筑学校，1925年回国，1928年创办艺术学院建筑系。1931年起任北平市工务局局长，次年成为中国营造学社校理，还曾任中法大学工务主任兼伏尔泰学院（文学院）教授、法国文学系主任等职。1930年，他助中法大学自水车胡同雷氏后裔手中购得样式雷图样千余件（中法大学撤销后，转藏故宫博物院），为我国这一珍贵建筑文献的保存发挥了自己的力量。汪有自己的建筑师事务所，中法大学大礼堂、图书馆等均由其设计，民国二十四年（1935）设计了光陆有声影戏院。

除上述建筑学海归外，还有一位参加过公车上书的乐嘉藻（1867-1944，图1.15）老先生，他估计是系里最年长的教员了。乐在建筑界所以出名，很大程度上是由于梁思成先生那篇辛辣的《读乐嘉藻〈中国建筑史〉辟谬》。乐著《中国建筑史》刊行于1933年，是我国第一部本国建筑史（图1.16）。乐老一生致力争取民族自强，民国初年接触到西方建筑学特别是赴美参加世博会（1915年旧金山巴拿马赛会）后，深感中国馆之建筑"未能发挥其固有之精神"，而西方人有关中国建筑的著述亦"未能得我真像"，于是矢志整理中国建筑学。这种情结并非乐所独有，同是贵州人的朱启钤（1872-1964）也是他的同路人，《营造法式》重刊、中国营造学社成立（1930）莫不赖其奔走。《中国建筑史》作为乐嘉藻个人的尝试，不过是学术史上的一支小插曲，其规模、眼界包括经费支持，与营造学社比起来几不足道。但为完成这部著作，乐嘉藻一面多方搜集相关材料，一面又尽可能地对古建筑进行实地考察，日积月累、六易其稿乃成。完稿后经费无着，幸得好友相助才得梓行，也可见开创者的不易了。

时任北京大学中国建筑史教授（1932-1933）的梁思成怀着热切而激动的心情拿到乐先生这部书，读后大失所望——此时他自己的"中国建筑史"尚在酝酿中（在给乐老的书评中他已勾勒出己作的框架）——继而是难以平抑的发言冲动。接受西方教育，受过良好科学训练的他当然不能满意这样一本"笔记"类的书：名实不符，几类野叟怪谈。[27]冷静来看，即便不足为史，这部《中国建筑史》而今已是我们探讨中国建筑观念转变的宝贵资料。[28]乐先生之建筑史观，实根植于深厚的中国传统，书中将"明堂"列为一篇，正是历来礼家争讼的延续。乐立足于中国历史和文化的传统，直指建筑背后的文明赓续性。在"道"的层面上，老儒乐家藻与新学梁思成可算殊途同归。

乐嘉藻先生在建筑系讲授"庭园建筑学"，乐《史》中亦将庭园纳入，且"关于庭园的论述与屋盖及其他诸项比较起来，详细到不成比例的程度。"他认为中国建筑别于西方建筑很大一点在于"布置之不同"，通过平屋繁简大小的变化，即可在功能上为

27 梁思成，《读乐嘉藻〈中国建筑史〉辟谬》（原刊《大公报》1934年3月3日号），收入梁思成，《中国建筑史》，2005，508-516页。

28 蔡元培先生论中国建筑，认为其"具美术性质者"有七：宫殿（帝王陵寝、佛寺、道观含）、别墅（即园林）、桥（尤指我国石拱券桥，罗马常用拱券，而国人仅造桥用之）、城（城墙、雉堞、谯楼归此，万里长城为其极）、华表（可与埃及方尖碑比附）、坊（牌坊，类似西方凯旋门，唯不用拱券）和塔（与欧洲教堂之塔相类，唯独立建造，不似西人将塔组入全堂）。见蔡元培，《华工学校讲义》三八"建筑"，原刊1916年6月《旅欧杂志》，收入《蔡元培美学文选》，58-59页。此七端乐氏《中国建筑史》皆已涵盖之，其后营造学社王璧文（璞子）的《中国建筑》大略亦备此例，唯标题省一"史"字，更为贴切。案王璞子评价乐嘉藻《中国建筑史》称："著论尚称谨严，但于构造未有系统之说明，不无遗憾。"王璧文，《中国建筑》绪论，2008，110页。

图1.17　《美术丛刊》书影。

宫殿、寺院、民居所用，庭园作为"布置"的产物，在乐这里就有了不寻常的意义。日本学者冈大路指出，乐特重庭园在建筑中的作用，是对计成、文震亨（1585-1645）和李渔（1610-1680）传统园论的继承。观乐《史》中将庭园建筑分述为花木、水泉、石、器具、建筑物、山及道路，确实似曾相识，如果把"庭园建筑法"换成传统名称，是否可以说乐嘉藻是中国第一个在现代大学中教授"造园"的人呢？童寯先生著《江南园林志》（1937）中亦辟"造园"一篇，为人所称道，盍忘乐先生之"庭园建筑法"哉。

从艺术学院转到工学院，反映出建筑学在时人眼中的位置变化。在民国二十年（1931）十月出版的天津美术馆《美术丛刊》创刊号中（图1.17），我们惊喜地发现了华南圭、乐嘉藻两位先生的文字：华南圭，《美术化从何说起》，6-8页；乐嘉藻，《中国苑囿园林考》（后收入《中国建筑史》），46-50页。乐文不赘，华文从一建筑师的视角，提出"美术化总成人别于动物之义"，述其江南游览观感，强调了园林名胜的卫生改善和建筑经营为美术化之根本。《丛刊》并大量刊登国内外建筑信息，样式雷（53页）和营造学社（52页）也备受关注。又天津美术馆拟设的美术研究组五班中，第三为建筑班（61页）。然而次年（1932）十月出版的《美术丛刊》第二期中，已无建筑界之论文，建筑类消息亦不见载于书中；二十三年（1934）出版的第三期（也是最后一期）亦然。这一变化是不是给我们提供了一个三十年代建筑从美术中分出的线索呢？

1927-1937，是中国发展的黄金十年，北京大学终于迎来了期待已久的大规模校园建设，梁思成设计的北京大学地质馆（图1.18-1.19）和女生宿舍（俗称"灰楼"，图1.20-1.21）均于1935年落成，这两组建筑明显受到了现代主义的影响，简洁实用，重视材质表现。在南京引领"中国传统复兴式"潮流时，梁思

图1.18 北京大学地质馆。引自《梁思成全集》。

图1.19 北京大学地质馆。引自《北京大学图史》。

成在北京大学的实践让我们看到中国近代建筑史的另一面。还有同年落成的北大图书馆新馆，由沈理源麾下的天津华信工程司设计，新馆中供暖、卫生、电气等设施均采用了当时最先进的设计和设备。这三大建筑跟红楼一起构成了国立北京大学的四大建筑，校园建设之繁荣，让人们对一个现代化的中国满怀期待。

　　不幸的是，1937年日本发动卢沟桥事变，抗日战争全面爆发，北平沦陷。北京大学与清华、南开内迁组建西南联大，北平大学等三校则迁至陕西组建西北联合大学，为抗战中的中国保存文明之火种。1938年，伪政权组织北京大学工学院在京恢复招生。[29]建筑工学系主任为土木工程师朱兆雪，沈理源、钟森

29 初，伪政权在北平重开北京大学（设文、理、法三院）和北平大学（设工、农、医三院），旋合并为伪北京大学（设文、理、法、工、农、医六院）。抗战胜利后伪北大被改编为北平临时大学补习班一～六分班，1946年北大复校，接收其第一（理）、二（文）、三（法）、四（农）、六（医）分班，第五（工）分班改国立北洋大学北平部，次年亦并入国立北京大学。

图1.20 北京大学灰楼宿舍。引自《北京大学图史》。

图1.21 梁思成设计的北大女生宿舍合院内景。1935年奠基，为单元式公寓布局，三层砖混结构，局部四层。外形完全服从内部功能，没有刻意追求大块的体量构成，没有任何装饰，通过门窗排列的比例关系，以及清水墙面上用砖块砌出简单凹凸，使得立面丰富可观。马磊摄。

（1901-1983）出任教职，后又有留日归国的赵冬日（1914-2005）、艺术学院建筑系1932届毕业生高公润（1906-？）和中国营造学社研究生赵法参（1906-1962）等加入。据当时的学生，现清华建筑学院教授王炜钰（1924- ）先生回忆，北大工学院的几位老师都有自己的私人事务所。可见，这一时期，北大工学院建筑系的指导思想已经偏重于工程。1945年抗战胜利后，伪北京大学工学院被改为北平临时大学补习班第五分班，1946年由北洋大学接办，改称北洋大学北平部。1947年8月始并入北京大学，定名为国立北京大学工学院，藉工学院原有之建筑系，北大正式有了自己的建筑系，是为北京大学建筑教育之起点。此前一年10月，清华大学建筑系亦宣告成立，由梁思成任系主任。梁思成在评价两校建筑系时说："清华的营建学系与北大的建筑工程学系的课程与目标之不同，北大注重的是建筑的工程；北大建筑工程学系的教授大多数是学土木工程出身的。清华着重的在体形环境三方面的全部综合。"[30]梁先生弟子，清华大学建筑学院教授郭黛姮先生将此概括为：北大重工程，清华重艺术。[31]

建国后，华南圭、朱兆雪、赵冬日等受邀与梁思成、陈占祥及苏联专家研究制订首都规划方案。朱、赵等坚持行政中心仍应放在旧城；梁、陈则主张在城西另辟新城，保留旧城。这场争论及之后的戏剧性结局，如今已然成为公众话题。

1952年全国院系调整，北京大学建筑工程学系并入清华大学营建学系[32]，北大与我国建筑教育之因缘暂且告一段落。历数北京大学工学院建筑系培养出的著名学者和建筑师——如于倬云（1918-2004，1942届，故宫博物院）、冯建逵（1918-　，1942届，天津大学建筑学院）、杜仙洲（1915-　，1942届，中国文化遗产研究院）、余鸣谦（1922-，1943届，中国文化遗产研究院）、王炜钰（1945届，清华大学建筑学院）、臧尔忠（1923-1998，1947届，北京建筑工程学院）、徐伯安（1931-2002，1953届，清华大学建筑学院）等，他们为我国的建筑事业特别是古建筑的研究和保护做出了杰出的贡献。北京大学工学院建筑系作为中国近代建筑教育的重镇，对当时和后世无疑产生了深刻的影响。

近半个世纪之后，公元2000年，北京大学建筑学研究中心宣告成立，北大再次开启了建筑学的教学和研究，介入到中国当下的建筑活动中来。

[30] 梁思成，《清华大学营建学系（现称建筑工程学系）学制及学程计划草案》（原载《文汇报》1949年7月10-12日），《建筑文萃》，2006，232-233页。

[31] 据2010年4月笔者对郭先生的访谈。

[32] 据2008年11月笔者对中国社科院考古所杨鸿勋先生的访谈，他回忆道：两校建筑系教风不同外，学风亦有别。合并初期，清华同学因录取分数较高的缘故，多认为北大建筑系的同学不够精英，懒与接谈。但北大建筑系之活泼风气——男女同学间也更亲密——改善了清华之拘谨沉闷，不久两校同学即打成一片。

1.3　五四运动与燕园

1919年，值得铭记。

凡尔赛和约决定让日本继承德国在中国山东的一切权益，轰轰烈烈的五四爱国运动就此爆发。满腔热忱的青年学生痛感国力衰颓，发起了救亡图存的呼号，社会各界更是被广泛地动员起来，让世界感受到了中国民众的力量。作为新文化运动的重要策源地，北京大学集中了胡适、李大钊、陈独秀、鲁迅等进步学人，他们提倡白话、破除偶像、鼓吹德先生（Democracy）与赛先生（Science），使得北京大学成为近代中国这场大变革的主角。

这一年，南京金陵神学院的司徒雷登（John Leighton Stuart, 1876-1962）博士受聘在北京筹组燕京大学，建造一所新校园成为题中之义，小有名气的建筑师墨菲进入了司徒雷登校长的视野。墨菲此前为金陵女子学院进行了出色的"中国式"设计，在南京的成功，让他获得了燕京大学校园规划的委托。[33]

北京西郊以圆明园为核心的"三山五园"曾是清帝国的心腹之地，到处琼楼玉宇，风光旖旎。民国以降，溥仪小朝廷蜗居紫禁城中苟延残喘，一步步被边缘化。昔日的皇家园林及王侯别业也渐成荒墟，甚或有迫于生计而变卖易主者，海淀诸园仿佛被世界遗忘。燕大综合考虑了地价和学校未来的发展，最终选择了京西的这片废园。

无疑，新文化运动的声浪肯定为这些在华的外国

[33] 据关于墨菲为燕京大学校园所做的规划、设计并其中原委，唐克扬叙之甚详。读者可参看氏著，2009，《从废园到燕园》。

人所觉察，墨菲的设计既承载了基督教在东方开疆拓土的激情，无意中也契合了中国要求民族独立自强、实现现代化的期许。

驻足燕园，仍是水光潋滟、塔影婆娑，大屋顶的"中国式"建筑庄重婉约，渲染着旧园的繁华，这方山林，更因名师大儒之云集而增色良多。藏山蕴海之燕园，有澄清宇内的气度，1952年燕大并入北大，可算两者历史因缘之了结。

一个是五四新文化运动的急先锋，一个是基督教在华高等教育的典范。两者都对中国民众的启蒙居功至伟，对于两校来说，爱国、进步、民主、科学是行动而非口号。燕大从成立之初就与北大结下不解之缘，汇文与协和合并后的英文校名就是Peking University（北京大学，图1.22），为决定燕大的中文校名还专门成立了一个有北大校长蔡元培参加的特别委员会。最终"诚静怡博士提议用'燕京'"以和已经声名大噪的国立北京大学表示区别，"这是一个有魅力的字眼，意思是古代燕国的首都，中国人视之为富有诗意的北京的代称"。英文校名后改用"燕京"音译称"YenChing University"（图1.23）。

图1.22　盔甲厂时期的燕京大学 可以看到Peking University字样。引自《燕京大学史稿》。

图1.23　蔡元培书"燕京大学" 1926年夏，燕园主体建筑落成，燕大正式迁校，蔡元培题写了"燕京大学"四个大字，悬于明丽典雅的校友门上。引自《燕京大学史稿》。

五四运动试图重估传统，推动中国现代化或曰西方化。内忧外困下方兴未艾的民族主义所需要的文化识别和参与外来现代性之间的抵牾也困扰着中国建筑师，"现代化"与"民族形式"之纠葛自此成为命题。1919年夏一位广东建筑师发表了一篇文章，他认为"一幢建筑应该表达出生活、表达出传统、表达出民族精神及建造它的那个时代最显著的理想"。"今天中国正处在充满活力的伟大民族复兴的开端。老的传统已经被打破而新的还没有形成，这就是现在我们所面临的最重要的事实。……我们所有的国人都严肃地意识到这种即将发生的变革，同时也完全明白中国历史上第一次面临着西方文明的巨大成就对中国产生的强烈影响的这样一个事实……最理想的情况是：我们建筑发展的总体情况，必须在特征上是民族化的，在精神实质上是令人愉悦的中国式的。"[34]

[34] William Chaund, 1919. Architectural Effort and Chinese Nationalism: Being a Radical Interpretation of Modern Architecture as a Potent Factor in Civilization, Far East Review 15: 533-536. 转引自郭伟杰，《谱写一首和谐的乐章——外国传教士和"中国风格"的建筑，1911-1949年》，载《中国学术》2003年第一辑，95-96页。

这种表里如一的民族化中国式，恐怕至今依然是很多中国建筑师的梦想。事实上，20世纪初，中国传统营造秩序濒于瓦解，在大城市表现尤为剧烈。本土的工匠行会与经营建筑设计业务的洋行包括后来本土建筑师开办的事务所既有竞争也有合作，但建筑设计的主导权逐渐为后者所掌握，中国的建筑业就此逐渐近代化。20年代燕京大学的营建就处在这种微妙的平衡中。为了逼真仿制中国建筑，中国工匠的密切协作必不可阙，以完成建筑细部的制作。根据唐克扬新近披露的材料，甚至有中国设计师或者说"样子匠"参与绘制了博雅塔最初的"立样"，成为博雅塔设计的重要参考。

墨菲并非当时唯一进行此种尝试的外国建筑师，来自比利时的本笃会修士格雷士尼特（Dom Adalbert Gresnigt O.S.B.）在20年代末设计了辅仁大学，他是中国古典建筑的热情研究者，撰有《中国的建筑艺术》等论文，最终落成的辅仁大学新楼被誉为当时北平的三大建筑之一，如一中国皇宫式城堡。北京协和医学院建筑规划更早（1916-1919，图1.24），主建筑师何士（Harry Hussey, 1881-1967, 图1.25）还曾多次同朱启钤先生探讨关于中国传统建筑的艺术价值和技术细节，何士回忆说："他（朱启钤）对协和医院非常感兴趣，我告诉他我的设计，建这些建筑，他没说一个字，研究了近一个小时，然后把它的胳膊放在我的肩上，告诉我，他对我的设计是多么高兴，告诉

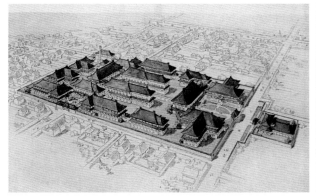

图1.24 （左）协和医学院规划效果图 何士作品，为了消解大楼的巨大体量，采用多个屋顶穿插的做法。引自 *Building in China*。

图1.25 （右）何士。或译赫西，加拿大建筑师，毕业于芝加哥艺术学院（Art Institute of Chicago），1911年来华，曾任北京协和医学校及医院设计工程师，后在京经商，一度充顾维钧交际秘书。后从政。有自传（*My Pleasure and Palaces: A Informal Memoir of Forty Years in Modern China*, New York,1968）行世。张复合，《北京近代建筑史》，2004，265-269页；赖德霖，《中国近代建筑史研究》，2007，195页。另据唐克扬的研究，何士亦曾参与燕大校园规划，并给出了自己的方案。见唐克扬，《从废园到燕园》，2009，59页。

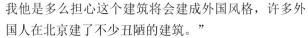

我他是多么担心这个建筑将会建成外国风格，许多外国人在北京建了不少丑陋的建筑。"

朱启钤的担心确实发自内心，辛亥革命之后，北洋政权根基不稳，军阀混战，帝制复辟，好不热闹。前朝建筑遗迹遭大规模破坏，渐渐颓圮的圆明园愈加衰败，更有军阀孙殿英明目张胆炸开东陵盗发宝物。国弱民愚，古建筑的保存尚且无暇顾及，遑论建筑遗产的整理和发扬了。

在朱的主持下，中国营造学社于1929年成立，不能不说是对之前国人忽视对传统建筑的研究之回应。当时国外建筑师对中国传统建筑的实证研究已经达到较高水平，中国营造学社的成立，与外国建筑师在中国的模仿及实践不无关系。所不同的，外国建筑师研究中国建筑重在"用"，以期能够设计出适应中国当地人文环境的建筑。而营造学社之整理"国粹"在于以科学实证方法穷其"体"，五四运动高潮过后，国人从对文化落后的声讨部分地转向了对本文化深入考察后的批判性反思，于是在建筑上继承现有研究的遗产并多有发明也就不足为怪了。作为营造学社重要成员，梁思成认为"中国建筑既是延续了两千余年的一种工程技术，本身已造成一个艺术系统，许多建筑物便是我们文化的表现，艺术的大宗遗产。……我们还要进一步重新检讨过去建筑结构上的逻辑；如同致力于新文学的人还要明了文言的结构文法一样。表现中

图1.26　正在施工的男生宿舍楼。可以看到房屋的钢筋混凝土结构。引自《燕京大学史稿》。

图1.27　刚完工的穆楼（今外文楼）。可以看到楼前水潭，选址园林间，墨菲最后的方案有了很大折衷。引自《燕京大学史稿》。

35 参见梁思成，《清末及民国以后之建筑》，《中国建筑史》，2005，第501页。

36 郭伟杰，《谱写一首和谐的乐章——外国传教士和"中国风格"的建筑，1911-1949年》，载中国学术2003年第一辑，第71-73页。

国精神的途径尚有许多，'宫殿式'只是其中之一而以"。外国人模仿中式建筑，铺满琉璃瓦的宽阔的大屋顶无疑具有极强的吸引力，北京的紫禁城自然就成了他们关注的核心。梁思成曾批评何士的"宫殿式"协和医学院——"仅以洋房而冠以中式屋顶而已"；对墨菲设计的燕京大学，梁先生则客气很多，表示"颇能表现我国建筑之特征……以外人而臻此，亦堪称道"。35

　　不管西方人的这种模仿是否触到了中国建筑的本质，用钢筋混凝土来应对这样一个挑战本身就很值得玩味，这些建筑师不假思索地采用了新材料，偏偏又执着于中国传统建筑的"固有美感"，恐怕正迎合了中国人那种既要享受先进的西式生活，还要维持天朝子民面子的微妙心理。是的，这些新楼宇内都有先进的电气设备以及卫生系统，郭伟杰认为这些设计希望人们"能够把中国的过去与其科学的将来联系起来"，36 当时有人评论燕大的建筑"有宫殿般庄严，而比宫殿舒服，有洋房的各式优点，而比洋房魅力"。这，就是"中国的新精神"（图1.26-1.27）。

　　同样地，紫禁城也为墨菲提供了一个理想模型，而不仅仅是大屋顶。最初的校园规划中燕园的水面几乎都被填平用来营建对称而宏伟的建筑序列，尽端建一座堪比景山万春亭的塔式建筑收束，完全是紫禁城的意象（图1.28）。对这块场地深入了解以后，墨菲的规划开始变通，司徒雷登后来回忆说，"通过搞所谓自然性的建筑这一巧妙的做法，在主要建筑物之间避免了死板的严格对称和建筑上的单调性。在搞这

种自然建筑中，亭台楼阁，小桥流水有意散乱地分布着，或依傍于真假山岭，或座落在山谷之间，或畔以池塘水面，不讲方位，不拘一格。"对旧日园林价值的关注，最终成就了燕园的独特景观，昔日的废园也成就了有心的墨菲。紫禁城和圆明园是中国古典建筑之绝响，燕园得此手笔，宫殿兮？园林兮？古典主义的两条脉络自此在燕园相交。

孙中山的奉安大典是民国历史上的一件大事，在20年代的中山陵设计竞赛中，曾在墨菲麾下工作的中国建筑师吕彦直脱颖而出，他的设计因酷似木铎而中标。吕毕业于康奈尔大学建筑系，接受了系统的西方古典主义艺术训练，他采用翻译[37]的手法，将古典柱式换成中式立柱，将西式直坡屋顶改为中式琉璃瓦曲面屋顶，墨菲的影响不容忽视。中国近代建筑史上重要的一支"中国传统复兴"样式终告成熟，这种来自中国传统官式建筑的特殊风格得到了政府高层的肯定。墨菲后来更是成为南京国民政府的资深顾问并参与了首都的规划和建设，继续为这个新生国家制造"固有的"古典纪念性。

图1.28 燕京大学校园第一次规划。墨菲作品，可以看到园中没有水面，轴线末端有一塔。对塔的怨念，持续这个工程的始终。引自 Building in China: Henry K.Murphy's "adaptive architecture," 1914-1935.

[37] 梁思成在上世纪50年代将这些实践理论化为"建筑可译论"，即通过把相同功能构件置换成中国传统构件，把西洋风格"翻译"成中国风格。

尾声　别了吗？司徒雷登

1949年，毛泽东的一篇《别了，司徒雷登》，象征着新中国自此告别了帝国主义。

1952年，参照苏联高等教育模式，全国高等院校进行院系调整，燕京大学并入北京大学，新北大迁入燕园，[38] 同时购进朗润园、承泽园等地块，形成了今日的校园格局。

以梁思成、张龙翔为首的清华大学、北京大学、燕京大学三校调整建筑计划委员会负责调整后的两校校园规划和建筑设计，所有规划设计人员和工程技术人员均由清华、北大工学院建筑系的师生组成，北大燕园校区实现了当年设计、当年开工、当年竣工。北大对原燕京大学校舍进行了重新命名和功能调整；充分考虑到历史的延续性，新建校舍基本与燕园建筑风格相一致而更朴素，主要建筑采用了灰筒瓦大屋顶的民族形式，灰色清水砖墙，简单的檐部装饰，建筑之间仍以柱廊相接。

建国以来数十年的建设中，校园风貌反复成为研讨的话题。1998年，北大百年校庆，燕大校友关肇邺先生设计的北京大学图书馆新馆落成，不可否认这是一座很适宜的建筑，但是在墨菲之后70年，我们结合传统的方法依然是在方盒子上面扣一顶大帽子，不能不令人深思。气势不凡的百周年纪念讲堂，利用三角形母题使三角地的历史感得到强化，凸显了北大人代代传承的民主风气。北大奥运乒乓球馆（2008）的建

[38] 准确地说，是燕京大学的文、理等学科并入了北京大学，工学系则归入清华。但因北大吸纳了燕大的大部分人材并迁入燕园，可以笼统地认为燕大并入了北大，在某种程度上，北大是燕大的传承者。

设，似乎有意走出燕园新建筑生搬大屋顶的怪圈，球馆的硕大的屋顶号称"中国脊"，不啻为一次大胆的尝试。

司徒雷登离开中国已届一个甲子，北京大学业已蹒跚走过一百一十年。在燕园回味"别了，司徒雷登"，一时百感交集。一句"别了"，"司徒雷登"就真的走了吗？五四迄今已九十年，对西方的拒斥或是追捧，是否意气用事？是时候真正和"司徒雷登先生"保持合适的距离了，中国要想建设自己全方位的现代化，不能光靠盯着西方，更要善于了解自己[39]。马戛尔尼访华已过去两百余年，如今活跃在世界舞台上的中国是否已拥有足够开阔的胸襟？一面追慕西方，一面又身不由己地对西方价值进行抵制，在这浮躁时代，北京大学若想若想如中流砥柱般岿然，惟有立足中国、消化传统，让中华文明走向自由。

传统离我们很远？不。传统是如此强烈地生活在现实中，司徒雷登博士曾接触到"诸如为建造寺庙或宝塔而选择风水胜地的诀窍"[40]，这很可能也影响到墨菲的规划。如今，人们有意无意间在重复历史。自从博雅塔竖立在燕园东南成为燕京大学的风水塔以来，在北大的东南角又矗立起更高大的太平洋大厦。

传统是一个负担，更是一个责任，沈理源、乐嘉藻、还有中国营造学社的前辈们所开创的工作还远没有完结，面对传统，我们还将继续求索，从中找回我们创作的自由。北大向来肩负着并不轻松的民族期待和历史重荷，新建筑、具体说中国的新建筑要想继续在北大生根发芽，我们还需要一次新文化运动，破除新迷信。也许，未来的道路就在眼前，值得期待。

[39] 关于如何从建筑思想层面认识中国特别是首都建设中新一轮的建筑殖民主义，以及中国在建筑问题上的行动逻辑，请参阅方拥，《埃菲尔铁塔的花边》，载《读书》2004年11月号。

[40] 见司徒雷登，《在华五十年》，第82页。

第二章 明清园林

　　燕园中有碧波荡漾的未名湖，有一枝独秀的博雅塔，山明水秀，造化所钟。明清时期，这里先是京郊著名的文人私园与皇亲别业，继而成为尊贵的帝王苑囿与皇家赐园。民国时期，这里是司徒雷登苦心经营的燕京大学。勺园、清华园、畅春园、弘雅园、淑春园、镜春园、鸣鹤园、朗润园、蔚秀园、承泽园……，一座座园林在这里演绎出一幕幕或清丽、或宏壮、或悲沉的戏剧。1952年北京大学与燕京大学合并，燕园美丽的身姿和曲折的历史成为北大"思想自由，兼容并包"办学理念的最好诠释。

2.1 自然山水

　　燕园山水的美是众口交誉的，她是自然造化与人工智慧的结晶。燕园的自然之美与其所处的环境密不可分，北京西郊的地理形势是明清园林兴盛的物质基础。园林又是一门时间的艺术，往往要经过一代或几代人的日琢月磨才能渐入佳境。这一片山水曾历经过怎样的桑田沧海才定形为今日的风貌？明清的造园家们又是如何在这块风水宝地上模山范水、大展身手（图2.2）？要了解这一切，还要回溯到远古时期。

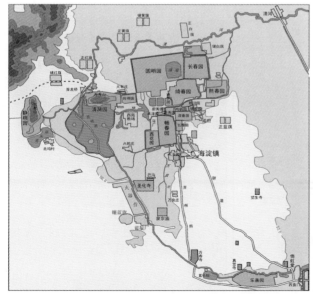

图2.2 清中期海淀镇周边园林分布图。现在的北大校园是在清代畅春园、淑春园、弘雅园、鸣鹤园、镜春园、朗润园、蔚秀园、承泽园等园林的基础上兴建的。这片校址北与圆明园隔河相望，西可远眺万寿山佛香阁、玉泉山定光塔，环境非常优越。北大城环学院提供。

图2.3 在镜春园禄岛地基挖掘过程中发现的古河床泥沙。方拥摄。

图2.4 （左）永定河古河道与北京城及西郊园林的位置关系。从图中可以看到圆明园、长春园、万春园、颐和园及周边大量的皇家赐园都散布在永定河的古河道上。苏杭绘。

图2.5 （右）海淀区地势与水系关系示意图。北大城环学院提供。

2.1.1 地理变迁

燕园山水的成因，要从北京西郊的地理变迁说起。远在洪荒时代，就有一条大河，即古永定河，从这里流过（图2.3），今天西郊几乎所有的园林都散布在这条古河道上（图2.4）。

约在七千年前，古永定河流出西山，在石景山一带折向东北，由今西苑、清河镇北部汇入温榆河。今海淀镇以西一直到万寿山、玉泉山，都属于古永定河河道的波动区域。后来，河水更改了河道，约在四五千年前，永定河的干流转向东南，原来的古河道逐渐变成一片低地。但这里虽不再有河流经，却仍常有水汇聚，形成北方难得一见的河湖纵横景象，并因此得名海淀。古河道的南岸在北大燕园内，北岸则一直延伸到今海淀上地一带（图2.5）。现在的未名湖、

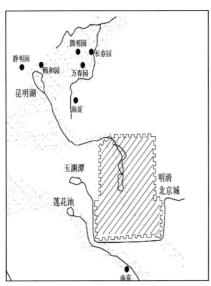

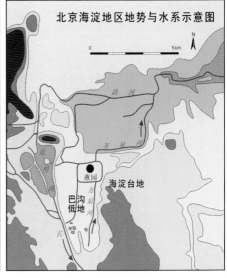

镜春园、朗润园所在地都是曾经的河谷，未名湖南岸的山丘是当时的河岸（图2.6）。从未名湖东岸去向南部的教学区，要攀上一段长长的坡道。未名湖往南的北大校园地势北低南高，便是因为地势自河谷向南攀升，越远离河道海拔越高。

在中国古典园林中，山水形势是造园的基础，因此选址成为造园的第一要义。而且，山、水比较，山易成，水不易得。北京缺水，许多园林只好以人工山景为主，而西郊海淀一带水源丰沛，对造园来说可谓得天独厚。燕园上的众多明清故园，正是充分利用这里难得的山形水势，在文人雅士和能工巧匠的经营下，竟造胜境，创造出一派幽雅清丽的景象，为今日美丽的燕园景观奠定了基础（图2.7）。

图2.6 未名湖南岸的坡地。苏杭摄。

图2.7 校园航拍图。以未名湖为中心，博雅塔高高耸起，其余建筑的灰色屋顶则掩映在绿树中。向西是万寿山、昆明湖和玉泉山，以及其后连绵的西山，它们是整个北京城温暖的屏障。引自未名BBS。

2.1.2　水系发育

明清园林鼎盛时期，北京西郊各园的水面都很大，有时占到全园面积的40%以上，在缺水的北方很罕见，因此被人们誉为"北国江南"。园林中的水景多种多样，池、泉、溪、湖，一应俱全。大大小小的水面构成一个完整的水系，水域之间、地表水与地下水之间都有很好的循环，既营造出优美的景致效果，又具备良好的生态效益。

1860年的庚申之变是北京园林发展的一大转折，此后，西郊园林逐渐衰落，栖息在燕园上的大小赐园也未能幸免。不过园中建筑虽然损毁殆尽，原有的山水格局改变并不大。直到20世纪20年代，燕京大学在这里营建校舍，这一带的山水体系才得到较大的调整（图2.8）。可以看到，调整前的水面更分散、更自由，也更活泼，但一座现代化的大学需要更多的建筑面积来满足教学与办公的需要，因此不得不移山填

图2.8　20世纪20年代校园建设时基地调整前后燕园水系的变化。红色为改造后被填平的水面，紫色为改造后保留的水面，蓝色为改造后新扩的水面。苏杭绘。

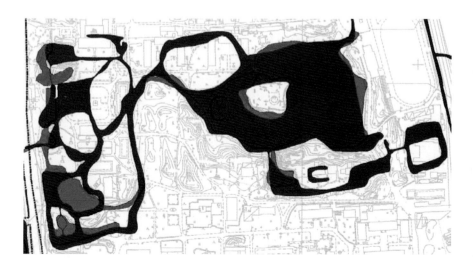

河，以增加建设用地。在司徒雷登"要使燕京大学彻底中国化"的办学思想指导下，墨菲的设计尽可能地尊重了原有的基址特征，保留了大部分水体，建筑也采用中国传统样式，散置在山水之间。

在明清园林的鼎盛时期，这一带园林的水源主要来自万泉河及地下水。清末，西郊园林逐渐荒废，水道淤塞，到燕大入住之时，未名湖已干涸多年，湖底种满了水稻以获得收益，燕大入住后才将其浚治一新。冰心在回忆录里提到，她与友人曾赶在放水前，在皎洁的月光下，穿过湖底，一路步行到对岸。

为了保证燕园的绿化和生活用水，校方重新从西门外簸斗桥将万泉河引入校内。河水入校后分为南北两支：一支向南汇于今校史馆西的湖中，从校史馆南部绕过，向北伏入地下，然后从办公楼东北涌出，形成一道蜿蜒的小溪流入未名湖（图2.9），最后从未名湖东北角流出，回到万泉河；另一支向北汇入鸣鹤园西部的小湖（图2.10），向东一路串起镜春园、朗润园，最后从校园东北角流出，也汇入万泉河。两条河流串联起十余个大小不同、形态各异的湖泊，构成丰富的水景体系。簸斗桥以及当时的引水道今已无存，但在西门附近仍能找到当时引水涵洞的遗迹（图2.11）。

时至今日，地下水的过度开采导致万泉河水量减少，附近生活污水的排入使水质恶化，截弯取直、湖底硬化等改造措施又大大削弱了水体自净能力，使万泉河水水质常常低于地表三类水标准，污染非常严重（图2.12）。如今北大已放弃万泉河，改从京密引水渠引水，但由于下渗量很大，校园北部诸园仍常面临水面干涸的危险，有待继续改善。

图2.9 未名湖入水口。小溪中的水穿过鹊桥流入未名湖。黄晓摄。

图2.10 鸣鹤园西部的小湖，其上架有三座石桥。苏杭摄。

图2.11 西门附近的引水涵洞。方拥摄。

图2.12 燕园北部污染的湖水。苏杭摄。

2.1.3　山体堆塑

　　中国古典园林往往采用山水相依的格局。燕园山水的塑造也遵循这一原则，低处凿池、高处堆土，自产自销，山形水势有若天成。燕园的水系是东西向的，自西向东流淌，因此依附水势的山形也采用东西走向（图2.13）。这一格局使校园内东西向视线比较通畅，站在未名湖东岸向西眺望，湖畔土山宛若远处西山在校内的延续，人工假山与自然真山浑然一体。

　　燕园处在永定河古河道上及其南岸，地形起伏不大。在平地上营建园林是很有难度的[1]。为了避免空旷松散、一览无遗，一种常用的手法就是以山分隔，以水联合。当年的造园家们在清挖河道湖底的同时，用清理出来的泥土堆筑了许多尺度适中的假山，将淑春、镜春、鸣鹤、朗润诸园分隔开来，然后再借助活

<hr />

[1] 计成《园冶·相地》提到：
"园地唯山林最胜，有高有凹，有曲有深，有峻而悬，有平而坦，自成天然之趣，不烦人事之工。"与山地相比，平地无疑是最费人工的。

图2.13　未名湖一带的山水形势。方拥摄。

水将诸园连为一体。所以，这些园林虽然彼此相邻，较为密集，但曲折的山势东西延展，加上山间林木繁茂，使得空间迷离扑朔，仍给人层出不穷之感。

校内各园的山脉自成一系，各自都有高昂的主峰和起伏的余脉。鸣鹤园主峰是东部校景亭所踞的土山，朗润园主峰在池中小岛东南部，未名湖则以临湖轩西面山地为制高点。鸣鹤园、未名湖区的最高峰上以及朗润园岛上的东北余脉都点缀了一座亭榭，既是优美的点景，又可供人临眺憩息（图2.14）。

现在燕园的山体、水面和平地的比例约为2：2：6。山水所占比重较明清园林鼎盛时期有所下降，但作为一所现代化的大学校园，承担着教学和生活的实际功能，与专供游玩娱乐的园林相比，这一比例已是难能可贵。

图2.14 （左上）鸣鹤园东部的校景亭。黄晔北摄。（左下）朗润园岛中东南山上的攒尖亭。黄晔北摄。（右）临湖轩西面山上的钟亭。黄晓摄。

2.2 盛世园林*

* 本节主要参考了贾珺《北京私家园林志》一书。贾珺先生提供了各园的平面复原图，特此致谢。

　　对每个向往北大的人来说，"燕园"、"未名湖"寄托着无限的梦想和美好的憧憬。不过，"燕园"只是泛称，校内也不止"未名"一湖，这里还有朗润园、鸣鹤园、镜春园、淑春园，还有红湖、勺海……每个名字背后，都曾是一幅旖旎的园林风光，一段宛转的旧情往事。时至今日，这些园林都有了不同程度的改变，但园中叙不完的历史，道不尽的沧桑却不曾随着物换星移而黯淡（图2.15）。

图2.15 燕园园林分布图。黄晓绘。

2.2.1　勺园与清华园

　　燕园旧址上兴建最早的两座园林是勺园和清华园，都在万历年间。当时京城西郊一带园林很多，如齐园、周皇亲园、王氏园、李公园，都是以主人姓氏为园名，勺园和清华园也不例外，又称米园和李园。

　　米园和李园是当时西郊园林中最受时人推重的两座[2]。两园一为文人园，一为贵戚园；一以曲折胜，一以雄壮胜；几乎处处形成对比。同时又毗邻而居，便于同时游赏，因此游人很喜欢拿它们作比较，津津乐道于其间的异同，恰如对于今日之北大与清华。不过当年的勺园与清华园都在今天的北大校内，今天的清华则另有一段历史沿革[3]。

　　1998年，正值北京大学一百周年校庆，侯仁之院士提议制作一样珍贵的校礼，赠送给最尊贵的客人。这一年，捐资修建北大图书馆新馆的李嘉诚先生，来华访问并到北大演讲的克林顿总统均获赠此礼。这就是精心复制的米万钟《勺园修禊图》（图2.16）。

　　《勺园修禊图》绘于万历四十五年（1617），可算与北大校园有关的最古老的"图像资料"之一了。这是一幅手卷长轴，仅30厘米高，却有将近3米长，欣赏时从右往左，随着手卷的展开，风烟里、缨云桥、文水陂、勺海堂、翠葆楼……园中景致一一映入观者眼帘，展卷宛若游园。

　　勺园主人米万钟是晚明著名文人，书法与董其昌齐名，同时还是一位业余画家，与职业画家吴彬交

[2] ［清］永理《题近香楼》："李园米园最森爽，其余琐琐营林丘"，见《诒晋斋集》，卷六。［清］宋起凤《稗说》："京师园圃之胜，无如李戚畹之海淀、米太仆之勺园，二者为最。"，卷四。

[3] 清华大学校内的清华园最初是康熙第三子允（胤）祉赐园熙春园园东半部，始建于康熙四十六年（1707）。乾隆三十二年（1767）附归圆明园。道光二年（1822）一分为二，东称涵德园，西称春泽园。咸丰帝即位后改涵德园为清华园，并御笔题写园额，是为清华园得名之始。光绪三十四年（1908）在清华园旧址上办游美肄业馆，次年兴建校舍，宣统三年（1911）开学，取名清华学堂，后逐渐建成清华大学。苗日新《熙春园·清华园考》考证精详，可参看。

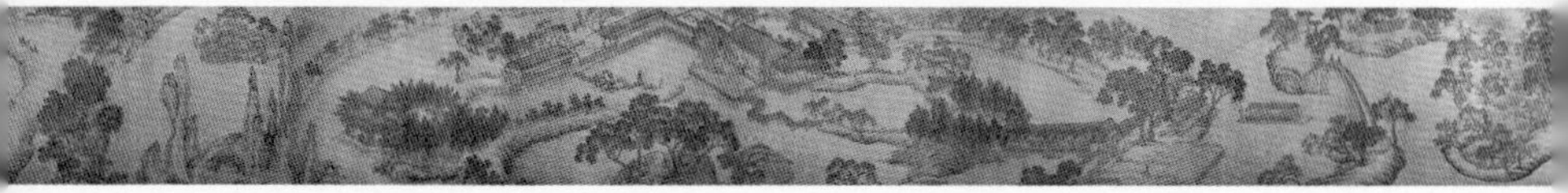

图2.16 米万钟《勺园修禊图》长卷。引自《燕园史话》。

图2.17 吴彬《勺园祓禊图》，翁万戈旧藏，2010年捐赠北京大学图书馆。引自《不朽的林泉》。

好。米氏《勺园修禊图》实际是对吴彬两年前所绘同名画作的模仿[4]。两图的景物布局、人物配置完全一致，只是用笔有所不同：吴图细密缜严，颇显职业功底（图2.17）；米图讲究笔墨情趣，有文人逸气。

根据洪业的考证，勺园建于万历四十年（1612年）至四十二年之间。吴彬《勺园祓禊图》绘于万历四十三年。晚明时期人们常在园林建成后撰写园记、绘制园图以作纪念，因此，洪业的推断应该可信。

今天勺园虽仅余部分遗址，但明清两代文人题咏很多，又有园图传世，因此一直受到学术界关注，对其历史沿革和布局风貌都有深入研究。2009年贾珺先生以《勺园修禊图》为基础，辅以相关诗文记载，绘成"勺园平面复原图"，对我们了解近四百年前的勺园有很大帮助。

从复原图（图2.18）中可以看到，勺园用垣墙分隔为内外两园，东部为外园，西部为内园。外园园门朝东，是一座简易的柴扉，入门为长堤，沿岸栽柳，堆叠驳石。《园冶》云"堤弯宜柳"，堤岸要弯曲、岸上宜植柳，是明代水景园最常见的景致，流风所及，今日的未名湖畔仍是柳树成丛、柔枝拂水。

沿长堤西转南折，过一道牌坊，是一座高大的拱桥，桥下通舟，站在桥上可以眺望内园景致，在

[4] 万历四十三年（1615），吴彬为米万钟绘《勺园祓禊图》，高30.6厘米，长288.1厘米，翁万戈收藏。米万钟《勺园修禊图》几乎全仿吴图。

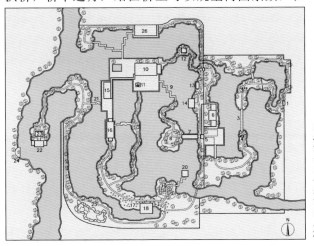

图2.18 勺园复原平面图。贾珺提供。
1 风烟里（园门）2 牌坊 3 缨云桥 4 崔浜 5 文水陂 6 小院 7 定舫 8 松风水月 9 逶迤梁 10 勺海堂 11 湖石 12 泉亭 13 濯月池 14 蒸云楼 15 太乙叶 16 水榭 17 林于澨 18 翠葆楼 19 松坨 20 茅亭水榭 21 槎枒渡 22 水榭 23 石台楼阁 24 半圆石台 25 假山 26 后堂

图2.19 内院门上当时悬有"文水陂"匾额。侯仁之先生考证此门位置，认为在今未名湖南部小湖西岸，并在岸上立石，亲题"文水陂"三字。苏杭摄。

5 [明]孙国光，《游勺园记》"桥上，望园一方，皆水也。水皆莲，莲皆以白。堂楼台榭，数可八九，进可得四。覆者皆柳也，肃者皆松，列者皆槐，笋者皆石及竹。……客从桥上指，了了也。"

6 孙国光《游勺园记》多次提到这类情景，翠葆楼北有一座茅亭水榭，"正与定舫直，而不相通"；园北的堂屋，"前与勺海堂直，仍是莲花水隔之，相望咫尺不得通"；内园池东的蒸云楼浴室，"与定舫直，而不相通"。

7 [明]刘侗、于奕正，《帝京景物略》，北京：北京古籍出版社，1980，222页，引《勺园诗》。

游园之前"先令人窥园以内之胜，若稍以尝游人之馋想者"。这种布置比较独特，古典园林的出场通常是"犹抱琵琶半遮面"，避免游客一入园就看到所有景色，到游园结束时，才设一座高楼，登楼一望，全园尽收眼底，有豁然开朗之感。这座大桥则是勺园的独创，站在桥上眺望似乎对勺园已了然于心[5]，但入园后才发现并非如此，"下桥而北，园始门焉。入门，客懵然矣。"过桥后沿着长堤转180度，到达内园门前（图2.19），真正的迷宫之旅这才开始。

勺园布局非常复杂，园中大部分是水，用长堤分隔，堤断处接以直桥、折桥、舫屋、汀木等。长堤既分隔了水面，也串起了各景，沿堤而行可以去往园中任何地方，只是不能直接到达，常常景致已近在眼前，却隔着一道水流，相距咫尺而无法靠近，游客不得不穿花度柳、辗转跋涉[6]。步行会遭遇种种阻隔，乘船也同样极尽曲折。勺园的布置原则是，"水之，使不得径也；栈而阁道之，使不得舟也。"景致之间用水隔开，使路无法直通；同时又以桥、屋为界，使船不能穿行。通过这些手段，米万钟把勺园变成了一座迷宫，当时人称"再三游赏仍迷惑，园记虽成数改删"[7]，游过许多遍仍然觉得云山雾海，园记一写再写，终究不能满意。王思任《米太仆家传》云："公在海淀作勺园，引水种竹，大似望江南。……然喜为曲折辗转之事，门移户换，客卒不得入，即入也不解何出。客方闷迷，公乃快。"这种迷宫般的布局原来是米氏有意的"恶作剧"，他看着游人在园中不得其门而入，进来又不得其门而出，感到快活万分。这座迷宫，对于游人与主人，倒也各有一番趣味。

勺园之西，一墙之隔，是武清侯清华园。第一代武清侯李伟（1510-1583）是万历皇帝的外祖父，去世后其子李文全、其孙李诚铭先后嗣爵，是京师显赫一时的外戚豪门。

清华园的主人，很久以来都认为是李伟。其实早期文献提到清华园主人一般称李皇亲、李戚畹、武清侯，并没有指定为李伟。第一次将两者联系起来的是康熙帝的《畅春园记》："爰稽前朝戚畹武清侯李伟因兹形胜，构为别墅。"畅春园建在清华园旧址上，康熙帝追溯前踪，把先前含糊所称的武清侯坐实为李伟。皇帝的说法自有一种不容置疑的权威，后来又被影响广泛的《日下旧闻考》采用，李伟营筑清华园一事逐渐为世人所认可。对此，姜纬堂《清华园主是何人》最早提出质疑：明代皇帝一般从寒门贫户中纳妃，以避免外戚擅权，因此李伟虽贵为王侯，却出自农家，其作风犹"一木朴老佣，见士大夫谨畏不敢作威福"，这样一个人居然造出一座"京城第一名园"，与其志趣、心态未免不符。

阅读早期文献，会发现清华园的建造应比勺园晚。《譬訏》云："淀之水，滥觞一勺，都人米仲诏浚之，筑为勺园。李乃构园于上流而工制有加，米颜之曰'清华'。"[8]可知是米万钟先修浚了水系，筑成勺园，然后李氏在上游建清华园，"工制有加"是与勺园相比而言；米万钟是大书法家，作为邻居为李氏题写了园名。《万历野获编》云："（米进士勺园）旁有戚畹李武清新构亭馆，大数百亩，穿池叠山，所废已巨万，尚属经始而。"[9]此书成于万历三十四年，此后直至万历四十七年续有所补，从中可知，当时勺园已建成，而清华园"尚属经始"。

如果清华园确实建于勺园之后，就出现了一个悖论。前文提到勺园万历四十二年建成，清华园应该更晚，但万历十一年李伟便已去世。因此，清华园的主人不可能是李伟，而应是嗣武清侯爵的其子或其孙。

这一推断在谈迁《北游录》中得到了确证，顺治十二年（1655）七月谈迁专程来游清华园："策蹇出西直门，十二里至海淀，则清华园。故武清伯李诚铭，以神祖元舅余力治园。"[10]李诚铭是李伟的孙子，到他时李氏已三世为侯，家境殷厚，他又受过较

[8] [清]于敏中等，《日下旧闻考》，北京：北京古籍出版社，1985，1317页。

[9] [明]沈德符，《万历野获编》，北京：中华书局，1959，610页。

[10] [明]谈迁，《北游录》，纪游下·198条。

好的文化熏陶，因此建造一座豪华的园林别墅是有可能的，始建时间应在万历四十二年至四十七年之间。

明人游清华园，题诗作文不计其数，其中大多数都是感慨李园的富丽雄壮，梁清标《李园行》曰："西直门外清泉流，李园巨丽甲皇州。……主人华贵拥金穴，为园钜万泥沙同。"[11]造园时用钱如流水，金银就像泥沙一样。范景文《集李戚畹园》曰："侯门矜壮丽，别墅也雕薨。"[12]别墅本应素朴清雅，清华园却雕梁画栋。

清华园与勺园风格迥异，当时的诗文很喜欢把它们作对比[13]。比较一下两园的活动就更有趣。《罳訏》记载，雪后在清华园"联木为冰船，上施轩幕，围炉其中，引觞割炙，以一二十人挽船走冰上若飞，视雪如银浪，放乎中流，令人襟袂凌越，未知瑶池玉宇又何如尔！"冬天湖上结冰后造一艘巨船，派一众仆从在冰上拖行，奔走如飞；船上围以大幕，内部燃起熊熊炉火，众人围坐在炉旁饮酒啖肉，看窗外雪浪翻滚，场面之热烈、人心之激奋，实属一大快事，天上的神仙怕也不过如此。《长安客话》写勺园则曰："游者或醉香以擘荷，或取荫以憩竹，或啸松坨，或弄鱼舠，或盟鸥订鹤，或品石看云，真翛然有濠濮间想。"[14]折荷闻香、看石调鹤、倚竹休憩、冈上啸歌，都是士人的雅事。米园有一种江南的素淡清新，李园则别具一种北国的豪迈旷达。

除了细致的对比，人们对两园还有精辟的总结。

11 洪业，《勺园图录考》，42页，引《薰林诗集》。

12 [明]刘侗、于奕正，《帝京景物略》，北京：北京古籍出版社，1980，220页。

13 《帝京景物略》"海淀"主要讲了李园与米园，从书中的遣词用句颇能体会出两园的区别：李园"方十里"，面积很大，米园"百亩耳"，也不算小，但用一个"耳"字，顿觉袖珍了许多。李园的园花是牡丹，米园是白莲，一个富贵，一个雅致。李园中"灵璧、太湖、锦川百计，乔木千计，竹万计，花亿万计"，米园则是"柳数行，乳石数垛"。李园山水之间，耸然拔起一座高楼，楼上建台，在台上可以"平看香山，俯看玉泉"，勺园则没有这种雄伟的建筑值得单独点出，不过是"堂楼台榭，数可八九"，掩映在柳松槐竹间。

14 [明]蒋一葵，《长安客话》，北京：北京出版社，1960，64页。

图2.20（左）勺园留学生公寓。杨兆凯摄。

图2.21（右）勺海水面。北京大学出版社提供。

《稗说》云："米园具思致，以幽窅胜。李园雄拓，以富丽胜。"[15]道出了两园各自的独特之处。

明清易代后，勺园逐渐荒废，康熙年间在其旧址建弘雅园，为郑亲王赐园。乾隆后期，马戛尔尼访华，被安置在弘雅园中。嘉庆年间弘雅园改为集贤院，供六部官员居住。宣统年间改赐贝子溥伦，1925年售与燕京大学，1952年并入北京大学。20世纪80年代末在这里修建了勺园大楼，接待外国学者和留学生（图2.20）。勺园大楼北面尚存留一片水面，水中植荷花，建造了仿古的亭廊，并有溥杰题写的"勺海"匾额，昔日胜景，聊可想象（图2.21）。

康熙二十三年，在清华园旧址建畅春园，康熙二十六年建成。新建的畅春园对清华园多有承袭[16]，康熙帝崇尚俭约，对旧园遗物能用则用，畅春园虽为皇家苑囿，反较清华园朴素。米万钟死后葬在勺园附近，"迨御园成，其家以逼近故，欲改卜，圣祖知之，命弗迁，仍许岁时上冢。"也是一段佳话。

康熙帝逝世后，雍正帝在畅春园西北建恩佑寺为其父荐福，自己则搬到圆明园，畅春园改作皇太后住所。乾隆四十二年，太后薨逝，乾隆帝在恩佑寺北建恩慕寺纪念。后来畅春园被荡为平地，仅有两寺山门留存至今，孤寂地诉说着这片土地曾有的辉煌（图2.22）。今天畅春园北部已并入北大，建有教工住宅区，最近又建成北大畅春园新宿舍区和畅春园餐厅（图2.23）。

15 [清]宋起凤，《稗说》，卷四。

16 康熙《畅春园记》："当时韦曲之壮丽，历历可考，圮废之余，遗址周环十里。虽岁远零落，故迹堪寻。瞰飞楼之郁律，循水槛之逶迤，古树苍藤，往往而在。爰诏内司，少加规度，依高为阜，即阜成池，相体势之自然，取石罃夫固有。"

图2.22 显赫一时的畅春园如今只剩恩慕寺和恩佑寺两座山门与北大西侧门相对。恩慕寺山门上"敕建恩慕寺"为乾隆所书。1981年两座山门被列为海淀区文物保护单位。方拥摄。

图2.23 畅春园餐厅。葛峰摄。

2.2.2 淑春园

公元1799年，嘉庆四年正月初八，一代权臣和珅倒台入狱。在皇帝宣布的"二十大罪"中有这样一条："昨将和珅家产查抄，所盖楠木房屋，僭侈逾制。其多宝阁，及隔段式样，皆仿照宁寿宫制度；其园寓点缀，竟与圆明园蓬岛瑶台无异，不知是何肺肠。"[17]"多宝阁"指和珅在城内的宅第，今为恭王府；"园寓"指和珅在西郊的赐园"十笏园"，即今北京大学未名湖区的前身（图2.24）。园中被比作"蓬岛瑶台"的，则是今日未名湖中的湖心岛。

从雍正朝开始，圆明园逐渐成为紫禁城之外的第二政治中心，在一个半世纪里（1709-1860）持续成为雍乾嘉道咸五代清帝最重要的离宫。政治中心的这一西移，对北京城的格局产生了重大影响：皇帝常在西郊苑囿起居理政，皇亲国戚与权臣贵宦为了上朝方便，多在西城建造府邸；御园附近的园林也常被皇帝赐给亲信近臣。正是在这一背景下，乾隆帝将十笏园赐给了和珅，此园也称淑春园或舒春园。

图2.24 未名湖环拍。刘珊珊摄。

　　和珅在乾隆朝权倾天下，他悉心经营的十笏园到嘉庆朝被查抄时，"全园房屋一千零三间，游廊楼亭三百五十七间"[18]。没收之后，"传闻禁园工作每取材于兹，足征亭台之修之巨"[19]。斌良《游故相园感题》称其"缤纷珂缴驰中禁，壮丽楼台拟上林"[20]。园中建筑的华丽程度不输于皇家园林。

　　从平面复原图看（图2.25），淑春园中央是一片较大的陆地，东西两侧都以水面为主，但风格迥异。东侧水面比较集中，是一座大池，其中列有三岛，现在的湖心岛是当时最小的一座。西侧水面相对复杂，在今西门一带，水陆穿插、形态多样，如今大部分已被填平，建造了办公楼、民主楼、档案馆等。从图中看，晚清时期园中建筑已经不多。和珅倒台后，据说每当皇家有所营造，就会从这里拆取瓦木材料，很多建筑都被拆走了，1860年又遭到英法联军的劫掠，此后只有东部的慈济寺和南部土山上的临风待月楼尚存。今天慈济寺只留下山门，临风待月楼改建为临湖轩，园北的山体和水系被挖掉或填平，建了男生宿舍楼，原来的三岛也只剩一岛（图2.26）。

　　和珅的"跌倒"，十笏园是其二十大罪之一，"园寓点缀，竟与圆明园蓬岛瑶台无异"[21]。据金勋《成府村志》考证，园中确实有多处模仿圆明园，如南岸慈济寺像广育宫，北岸似君子轩，东岸似接秀山

[18] 侯仁之，《燕园史话》，2008年，40页。

[19] 奕譞，《中秋后二日游舒春园四律》序，《九思堂诗稿》卷七。

[20] [清]斌良，《抱冲斋诗集》卷34，清刊本。

[21] 金勋，《成府村志》，民国二十九年稿本。

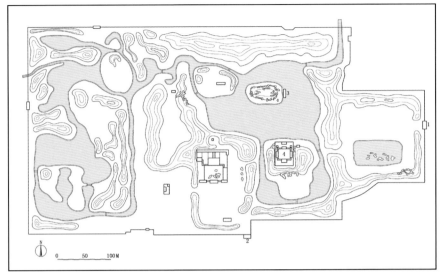

图2.25 晚清淑春园平面图。贾珺提供。
1 东门 2 南门 3 石舫 4 慈济寺

房。其中最犯忌讳的，无疑是湖中有似"蓬岛瑶台"的湖心岛以及岛东水中的石舫，这两点最终以僭越之名，"要了卿卿性命"。奕譞《中秋后二日游舒春园四律》感叹："杰阁凌云久渺茫，邱墟宛峙水中央。……未觌蓬瀛仙万里，已成缧绁法三章。"

"宛峙水中央"的湖心岛已成"邱墟"，仍给人"蓬瀛仙万里"的想象，可惜园主求仙不成，反而锒铛入狱。模拟"上林"的壮丽楼台有僭越之嫌可以理解，但这座小小的水岛，为何也会与"不臣之心"联系在一起？要理解这一点，还要从中国古代皇家园林对"一池三山"格局的重视说起。

图2.26 淑春园现状平面。

　　"一池三山"定型为一种园林格局，并成为皇家园林的主要模式，其渊源可以上溯到秦汉。先秦时期流传着海上三神山的故事。传说渤海中有蓬莱、方丈、瀛洲三座神山，居住着仙人，并有长生不死之药。秦始皇和汉武帝都被这个故事吸引，痴迷于入海求仙。秦始皇多次巡游天下，最后都是跑到海边；汉武帝也屡屡前往东海，并派人在海边望蓬莱之气。他们的入海求仙自然不会有什么结果，于是退而求其次，开始在自家宫苑中模仿营造海上仙山。秦始皇修建了兰池，"引渭水为池，筑为蓬、瀛，刻石为鲸，长二百丈"[22]；汉武帝建造了建章宫，宫北开凿太液池，"中有蓬莱、方丈、瀛洲，壶梁象海中神山，龟鱼之属"[23]。二人还在池中布置了石鲸和龟鱼，用这些海中特产表示，自己苑中的一勺水是大海，水中的小岛则是仙山。

　　求仙长生之风在汉代之后便日渐淡薄，谶纬神学不过是闹剧一场，但"一池三山"这种格局却保留下来，成为宫苑中掇山理水的典范，为历代帝王所效仿。北魏洛阳华林园的蓬莱山，隋洛阳西苑的方丈、蓬莱、瀛洲诸山，唐大明宫太液池的蓬莱山，宋艮岳的蓬壶，金中都的蓬瀛，元御苑的瀛洲……流风余韵，断续不绝。

　　对"一池三山"的热情在清代的离宫别苑中达到了顶峰。邻近紫禁城的西苑三海，南海有瀛台，中海有焦园（像方丈），北海有琼华（像蓬莱）。承德的避暑山庄，"开芝径堤……逶迤曲折，径分三枝，列大小洲三，形若芝英，若云朵，复若如意"。西郊的清漪园（颐和园）既有南湖岛、治镜阁、藻鉴堂三岛分列三池之内，又有南湖岛、凤凰墩、知春亭三岛共居一水之中。万园之园圆明园的福海中也是设了大小三座岛，"福海"取"徐福海中求"之意，作为圆明园四十景之一，乾隆皇帝将其命名为"蓬岛瑶台"（图2.27）。

[22] [清]顾炎武，《历代宅京记》卷三引《秦记》。

[23] [西汉]司马迁，《史记·孝武本纪》。

　　"一池三山"的渊源如此久远，又被清代帝王如此看重，和珅在自家私园中也作如此布置，确实难逃僭越的嫌疑。何况湖心岛旁还有一座石舫（图2.28），模仿乾隆在昆明湖中的石舫（图2.29）。石舫寓意江山永固，臣民是不可以拥有的。这就更将和珅的罪名坐实。

　　不过，嘉庆帝的诏令其实有点欲加之罪，何患无辞。因为，在皇家园林之外，"一池三山"也被江南的私家园林所钟爱。拙政园中部主景区就以水池为中心，池中东西横置三座小岛；留园中部也是水池，池中水岛名为"小蓬莱"，与西北小岛、东南濠濮亭鼎足而三。这些布置显然与政治寓意无关，而是在追求"一池三山"所具有的审美意趣。

　　从《诗经》的"蒹葭苍苍，白露为霜。所谓伊人，在水一方"起，一水相隔的美人就有种令人难以抗拒的美。《二十四诗品》中的"冲淡"，也是只能神会，不可强求，要保持距离，才能"妙机其微"。中国古人讲究含蓄，着意朦胧，欣赏距离之美；而产生距离最好的方法，就是"隔"。"雾失楼台"，

图2.27　一池三山。（左）承德避暑山庄航拍照片。（右上）颐和园航拍照片。（右下）圆明园四十景之"蓬岛瑶台"。

隔以雾；"竹外疏花"，隔以竹；"烟中列岫青无数"，隔以烟；"细雨梦回鸡塞远"，隔以雨；其它隔以霭、以帘、以树，不胜枚举。有雾、竹、烟、雨作隔，楼、花、山、塞就显得遥远而朦胧，迷离之中想象生矣。池中三山以水为隔，追求的也是同一种意境：有水为隔，则岛为仙岛；有山为隔，则人为仙人。相信这种"彼岸观"的心理美学是"一池三山"在皇家、私家园林中历久不衰的重要原因。

　　和珅在十笏园"点缀"三座岛屿，很可能也是出于这一审美追求。他虽然飞扬跋扈，但说其有篡位野心不免有些深文周纳。走在今日未名湖一带，林木幽深，烟波浩淼，确有如入仙境之感；而这片山水承载的历史沧桑与文化意蕴，更令人回味不尽（图2.30）。

　　在湖心岛的西南，有一条翻尾石鱼（见图4.48），令人感慨现实与历史的冥合：秦始皇的兰池中有石鲸，汉武帝的太液池中有龟鱼，未名湖的这一湖一岛一鱼一石舫，还真有些像皇家园林的嫡系。不过，石鱼是圆明园的遗物，20世纪才移置到燕园中，与和珅并无关系。

　　和珅十笏园没官后，西部赐给固伦和孝公主与丰绅殷德，东部赐给成亲王永瑆，道光末年又赐给睿亲王仁寿，俗称"睿王园"，百姓常用满语呼之，称"墨尔根园"。民国初年此园转售给军阀陈树藩，改称鬯勤农园。后来卖给燕大，新校园的建设便主要围绕着这一片山水展开。

图2.30 (对页)未名湖湖心岛。黄晓摄。

2.2.3 镜春园与鸣鹤园

淑春园北部为镜春园与鸣鹤园。它们本是同一座园林，乾隆年间为傅恒之子福长安的赐园。福长安阿附和珅，嘉庆四年（1799）和珅十笏园改赐永瑆时，福长安园也被没收，西段赐给仪亲王永璇，并定名为镜春园；东段赐给贝子奕纯。道光八年（1828）镜春园西部被划拨出来赐给惠亲王绵愉，后改名鸣鹤园；东部则在道光二十一年赐给道光帝第四女寿安公主，仍沿用镜春园旧名，又称四公主园。[24]道光年间鸣鹤园的面积约为镜春园的五、六倍，两园以今北大第一体育馆西的南北大道为界，东为镜春园，西为鸣鹤园。

道光二十一年的镜春园规模很小。园门偏在东南，主要建筑四周环水，略成圆形（图2.31）。现在这里是北大人文学苑，包括文、史、哲三系。清代的建筑已经无存，只有西侧的水池保留下来，在其东面建成一片古香古色的仿古楼群，安置北大最具思辨、最有深度、最富诗意的院系。

今天人们习称的镜春园和鸣鹤园在道光年间都属于鸣鹤园，同治年间绵愉之侄瑞郡王奕誌作《鸣鹤园记》，详细描述了此园格局[25]。

从平面复原图（图2.32）可以看到，鸣鹤园呈东西长、南北窄的长条形，分为东、西两部分。东部为起居区，以东所为主体，建筑密集，布局规整；西部为游赏区，以自然取胜，山环水绕，建筑相对稀

[24] 贾珺，《北京私家园林志》，2009，500页。贾珺，《北京私家园林研究补遗》，《中国建筑史论汇刊》第5辑，第336-337页。耿威，《清代王府建筑及相关样式雷图档研究》，97-102页。

[25] 鸣鹤园在御园之南半里许，馆舍数百楹，树林阴翳，苹然佳美，洵别业中之胜地也。园之东隅有大厦焉，回环数亩，乃五叔父所居也。缘山稍西，入一门，北有矮屋三楹，流水潺湲，苍松覆荫，曰澄碧堂，五叔父所常坐卧者也。复西行数武，过小桥，有屋高耸，临于溪上者，翼然亭也。亭之北曰清华榭，曰碧韵轩，连绵稍西曰崇善书室。由屋中陟梯而上，与亭相峙者，悟心室也，其庭中有鱼池焉。度桥而北，复有屋数楹，曰山水清音馆，曰临流亭，皆园中之胜境。[清]奕誌，《古欢堂诗稿》,光绪三十四年刊本。

图2.31 道光二十一年改建后镜春园地盘样。引自耿威，《清代王府建筑及相关样式雷图档研究》，207页。

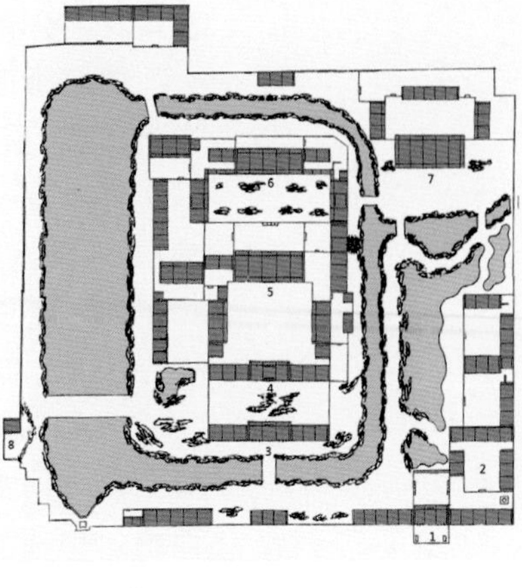

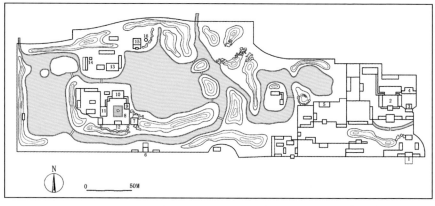

图2.32 鸣鹤园平面复原图。贾珺提供。
1 宫门 2 东所 3 戏台 4 观戏厅 5 澄碧堂 6 丽景门 7 翼然亭 8 西所 9 清华榭 10 碧韵轩 11 崇善书室 12 悟心室 13 山水清音馆 14 临流亭 15 花神庙 16 龙王亭

图2.33 鸣鹤园与镜春园现状平面图。

疏，仅在大岛上布置了主建筑群。

园林正门在东南，入门后穿过假山，跨过一条形似金水河的溪流便是东所。这里是主要的起居场所，内有含清斋、和春堂、退省斋、槐荫轩、怀新书屋以及戏台等。现在这里是北大校友基金会，门前的金水河仍在（图2.33）。流水在古代象征财源，与基金会颇为契合，可惜因为生态问题，这里的河水经常干涸，有待整治（图2.34）。

东所西面是一座独立庭院，从小门进入，北为正堂澄碧堂，是园中举行宴会的地方。以前这里的门牌是镜春园79号，如今已被拆除，建成北大国际数学研究中心。澄碧堂西附有一处小院，门牌为镜春园79号甲，如今连同其西的湖中小岛，属于北大建筑学研究中心（图2.35）。

继续向西，绕过一座高丘到达园林西部，这里有两处大的水池，夹着中央一座水岛。岛上建筑即西所，中部为庭院，院落正中凿有方形鱼池，池中立湖石；池北为正堂碧韵轩，南为悟心室，西为崇善书室，东为清华榭。院外东南土山上还有一座重檐方亭——翼然亭。北部隔水相对是山水清音馆和临流亭，当年还有一座龙王亭，由于疏于维护，几年前倒塌了，如今已不知所踪。这一片现在是北大考古文博学院，方池、湖石以及土山上的翼然亭都在，仍可供人缅思往迹。

咸丰十年（1860），英法联军火烧圆明园，一墙之隔的鸣鹤园也遭到严重破坏。后来有所恢复，但民国初年徐世昌租下两园，大量拆除园中建筑，将木料运回老家，使园林再次遭受巨创。鸣鹤园后归陈树藩，1928年卖给燕京大学；镜春园则一直为徐世昌所有，当时朗润园已成为教工宿舍区，镜春园介于主校区与朗润园之间，给师生造成很大不便，燕大多次与徐氏商谈购买之事，未妥，直到北大迁入燕园，才将镜春园购入，使校园南北连成一片。

图2.34　北大校友基金会前的河流与小桥。黄晓摄。
图2.35　禄岛上的建筑学研究中心。方拥摄。

2.2.4　朗润园

朗润园在镜春园北部，北依万泉河，对面为圆明三园之一的绮春园。雍正年间这里是怡亲王允祥的交辉园，后为傅恒春和园，嘉庆年间赐给乾隆帝第十七子庆郡王永璘，嘉庆二十五年（1820）传永璘之子绵愍，道光十六年（1836）传奕采，三代皆为庆郡王。道光二十二年奕采获罪夺爵，此园可能随之没官。咸丰元年（1851）改赐道光帝第六子恭亲王奕䜣（1832-1898），始名朗润园。[26]

奕䜣在北京城内另有府第，即著名的恭王府。恭王府前身为和珅府第，后改赐永璘，咸丰二年又改赐奕䜣。由于靠近圆明园，今天的燕园一带在清朝非常抢手，居住在此的多是最受恩宠、最有权势的皇亲或朝臣。他们在城内有府第，在西郊又有别墅，就像皇帝在城内有紫禁城在西郊又有苑囿一样。奕䜣曾以"朗润园主人"为别号，下文提到的奕譞曾以"蔚秀园主人"为别号，从中可见他们对园墅的珍爱。

[26] 贾珺，《北京私家园林志》，2009年，355页。耿威，《清代王府建筑及相关样式雷图档研究》，126-134页。

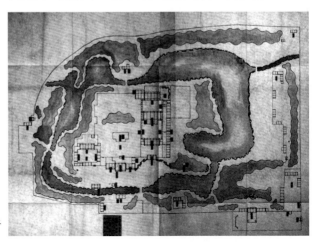

图2.36　春和园地盘画样全图。转引自贾珺，《北京私家园林志》，356页。

奕䜣得到朗润园后，着手修缮，次年完工，咸丰二年秋皇帝亲临游幸，题"朗润园"额悬在园门上。

改造前的园貌可从《春和园地盘画样全图》（图2.36）中看到：园林最外部是一圈围墙，墙内筑有一圈连绵的假山，山内环绕一湾周流的溪水，水中有岛，岛上外环又是一圈假山，山内才是建筑。整座园林由围墙、假山、河水、假山重重围合，极为幽深。朗润园北枕万泉河，有活水可引，因此园内以水景取胜。水从西北角引入，绕岛蜿蜒盘绕，最后由东北角流出，其间忽宽忽窄、或溪或湖，与两岸山石、垂柳、亭榭互相映照，如诗如画。园门位于东南角，东向，入门是东西狭长的庭院，西对大影壁，折向北是三间园门，上悬"朗润园"匾额。穿过园门循着山麓水际西行，可以隔水欣赏对岸的假山屋宇，最后跨过一座石桥通到岛上。

改造后，山形水势基本未变，但在中央岛上添了许多建筑。中部水岛原有三座桥与岸相通，此时在东南角又添一座，今天这座桥已成为入岛的主要通路。

岛上建筑分三路。东路共三进，以游廊串联。大门三间，由于门扇设在中柱之后，门洞显得特别深，门前用云片石叠成八字墙，今天仍残有东面的一撇（图2.37）。中路面积最大，初期建筑并不多，只有

图2.37 中国经济研究中心大门旁的云片石八字墙。黄晓摄。

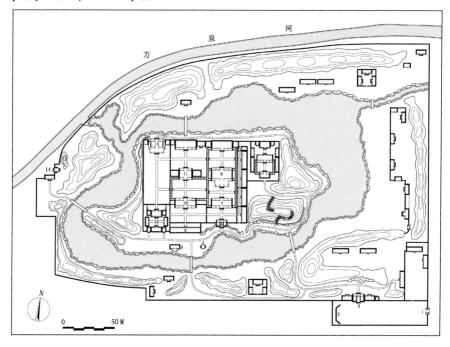

图2.38 咸丰同治时期朗润园平面图。贾珺提供。
1 东门 2 影壁 3 宫门 4 涵碧亭
5 水榭 6 东所大门 7 恩辉余庆
8 澄怀撷秀 9 中所倒座厅 10 中所前院正厅 11 中所中院正厅
12 西所 13 歇山厅堂 14 西门

一座蝠形假山和前出抱厦的堂屋"致福轩"，庭院非常宽敞。改赐奕䜣时，"致福轩"已经坍塌，因此与其后的蝠山一同撤去，改建为三进庭院，成为岛上的主体院落。西路西南角原有一组庭院，北部为连绵的假山，此时也被挖掉，改成一路进深很长的庭院，院北设前出抱厦的花厅，厅北临水，其东有直桥可以通到对岸（图2.38）。此外，奕䜣还在小岛东北角添了一组院落，改建后的水岛几乎被建筑占满。

　　光绪二十四年（1898）奕䜣去世，朗润园被内务府收回，大臣们赴颐和园上朝，常在此召开会议。民国初年，镜春园遭到军阀盗拆，有鉴于此，逊帝溥仪将朗润园改赐给奕譞第七子贝勒载涛。载涛住在园中时对近代的文物保护事业做出了很大贡献。今日未名湖中的翻尾石鱼，办公楼前的石麒麟和丹陛石，圆明园西洋楼观水法御座后的石屏风等，都是载涛从圆明园运至朗润园保护起来，才避免了被倒卖的命运。

　　燕大建校后不久，载涛将朗润园租给学校作为

（左上）图2.39 朗润园现状平面图。
（右）图2.40 季羡林所题"朗润园"石碑。苏杭摄。
（左下）图2.41 中国古代史研究中心内部。黄晓摄。

教师住宅。1952年，租约到期，北大将该园买下，于1957年至1960年间，在园内东、北岸建了六座教职工住宅和一座招待所（图2.39）。季羡林先生生前便居住在此，湖面上曾有季先生亲手植下的亭亭玉立的"季荷"。在中部岛上东南角的土山上有一块石碑，上有季先生亲题的"朗润园"三字（图2.40）。

20世纪90年代，园内岛上的建筑得到全面的修缮和扩建。东路与其东北角庭院一起作为中国经济研究中心的办公场所，其中的正堂致福轩沿用了春和园时期的堂名，也是五间正屋前出三间抱厦。中路成为中国古代史研究中心的办公场所（图2.41），中路与东路之间开辟了一条道路作为入口。西路被民房占据，目前正在改造中。

2.2.5 蔚秀园与承泽园

27 张宝章，《从彩霞园到蔚秀园》，《海淀文史·京西名园》，2005，240-253页。

蔚秀园在畅春园北，今天北大西门的对面。据张宝章考证，蔚秀园前身是彩霞园，为康熙帝第九子贝子允禟赐园[27]。此园后改赐雍正帝第五子和亲王弘昼，嘉庆、道光年间又成为肃亲王花园，道光中叶赐定郡王载铨，改名含芳园，也称定王园，咸丰九年（1859年）转赐道光帝第七子醇亲王奕譞（1840-1891），始称蔚秀园。[28]

28 贾珺，《北京私家园林志》，2009，510页。

蔚秀园南临畅春园，北接圆明园，位置显要。从平面复原图(图2.42)看，当时园门朝南，因康熙帝曾驻跸于此，所以特许在门前建东西两座朝房。园中山环水抱，水景十分丰富。水从南侧万泉河引入，弥流园中，将其分隔为大大小小的洲渚，最后从东北角流

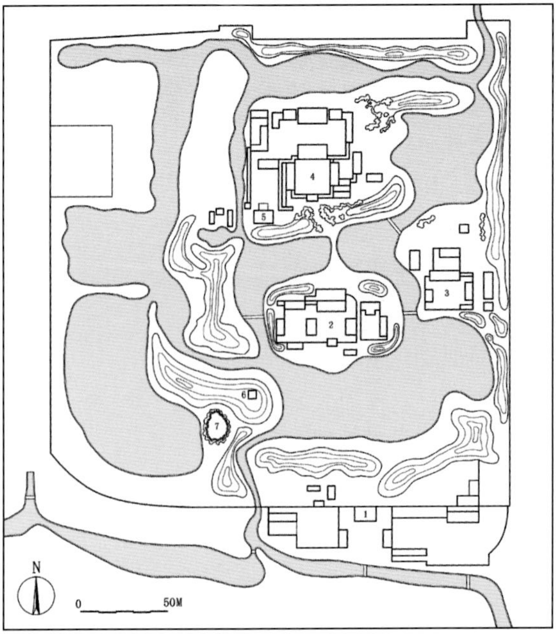

图2.42 蔚秀园平面图。贾珺提供。
1 宫门 2 南所 3 东所 4 北所 5 小轩 6 方亭 7 金鱼池

出。园中主体建筑分为三组：南所位于中部岛屿上，为三跨四合院，四周被水环绕。东所在东岸，是一座宽阔的单进院落，东北角湖岸山石间有"紫琳浸月"石碑，至今尚存（图2.43）。北所在北部大岛上，规模最大，与南所岛屿以堤相连；岛上南岸是一座土山，山间小径两侧叠石作为屏障；岛西南角有一座小轩，为歇山顶建筑，据

说当年是一座戏台（图2.44）。

蔚秀园的主人奕譞是光绪帝的生父，这位身份特殊又熟谙明哲保身之道的王爷处在慈禧太后与光绪皇帝的政治夹缝间如履薄冰，索性借山水遣怀。他的《九思堂诗稿》及《续编》有大量诗篇写到蔚秀园，如《蔚秀园二律》《纪游十首同九妹作》等，其中《宿蔚秀园十咏》题咏园中各景，包括屋、院、池、假山、禾稼、莲、杂卉、蝉等。奕譞是道光帝第七子，称奕䜣为六哥，因此他也是朗润园的常客，附近的淑春园、鸣鹤园更是常常游赏，留下了不少诗作。

奕譞去世后，园传其子载沣，载沣是溥仪之父，位至摄政王，权倾一时。这位王爷不像其父那样喜好寄情山水，很少在园中居住。清亡后，蔚秀园日益破败，1931年售于燕大，作为教职工宿舍区，为方便交通在东部开门，正对学校的西门。如今园中北部的水面已被填平，新建了住宅楼，中部和南部的山形水势保存尚好，南所的正房、厢房也幸存至今。园中旧物尚有小轩、方亭（图2.45）和石碑等，加上古树茂密，若能稍作修整，依然颇为可观。

蔚秀园西南，隔着万泉河是承泽园。承泽园的前身是嘉庆、道光年间大臣英和（1771-1840）的依绿园。道光二十五年（1845）改赐道

图2.43 蔚秀园奕譞手书"紫琳浸月"石碑。2006年碑座被盗，只剩碑身卧在杂草之中与野猫为伴，很是凄凉。邓丹摄。

图2.44 蔚秀园现存古建筑。这个歇山小屋原是一个亭子，后来增加了四面墙，成为一间住房。黄晓摄。

图2.45 蔚秀园西南部山间的方亭。黄晓摄。

29 1901年代表清政府鉴定《辛丑条约》。1903年任领班军机大臣。为人贪鄙，卖官鬻爵，被袁世凯收买为朝中内应，宣统退位后一直避居天津租界。

30 贾珺，《北京私家园林志》，2009，364页。

光帝第六女寿恩固伦公主（1830-1859），是年公主下嫁工部尚书、一等公博启图之子景寿。光绪中叶又改赐庆亲王奕劻[29]（1838-1917）。奕劻在光绪、宣统间权重一时，承泽园又靠近颐和园，王公大臣常在此聚会宴饮，外国使者来访，也常在园中设宴款待。[30]

　　承泽园改赐寿恩固伦公主时，进行了较大规模的扩建。此前承泽园南以万泉河为界，堆叠土山作为屏障，不设围墙；园内引入一条与万泉河平行的长河，两端开阔如湖，中以石桥收束成哑铃状。扩建后，园林南界向南作了较大拓展，直抵畅春园北墙，万泉河被包入园中，从正中穿过。万泉河以北的山、水、建筑格局大致仍保持原状。全园被两条河一分为三，中间一段狭长的陆地与土山夹在两水之间，成为洲渚，这片陆地上的土山是园中主山，高逾九米，小桥亭榭点缀在河上山下，有若江干湖畔人家（图2.46）。园中建筑分三部分，围绕着两河一洲展开，北密南疏。河南岸为入口、宫门及各种辅助用房，如厨房院、太监院、马圈等。主人的生活空间主要在北部。其中东部是居住区，布局严整，分东、中、西三路。西为主

图2.46 道光二十五年承泽园改建后平面图。贾珺提供。
1 园正门 2 城关 3 西所 4 中所 5 东所 6 正堂 7 楼阁 8 方亭 9 方亭 10 马圈 11 厨房院

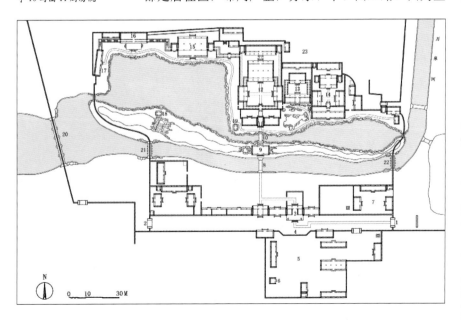

N
0　10　30 M

路，共三进，规模最大，并位于主轴线上，是公主的居所；东所次之，也有三进，但尺度较小，供额驸景寿居住；中所居间作为过渡。西部为游赏区（图2.47），布局自由灵活，正堂为两卷勾连搭五开间建筑，向西以叠落的爬山游廊与一座二层楼阁的上层相通，过楼沿游廊下行，可达池西的轩馆。该区建筑，形式、朝向各不相同，楼阁与游廊结合，跌落有致。

图2.47 承泽园北部西区景致。方拥摄。

1860年与1900年的两次浩劫，西郊园林大多被毁，承泽园幸免于难，清亡后虽逐渐凋敝，但骨架尚存。民国年间园归大收藏家张伯驹[31]所有，因为临近燕大校园，学校的师生及其他学者、艺术家经常来此雅集。1953年张伯驹将园售与北京大学，改建为教职工住宅区。1998年，河北岸西部的厅堂、楼阁、游廊和轩榭进行了重修，作为北大科学与社会研究中心的办公场所。侯仁之为作《承泽园西所修缮记》，勒石存于园中。

除了以上诸园，在今三教东面还有一座小院（图2.48），原为治贝子府，曾住着"红豆馆主"溥侗（1871-1952）。治贝子府原属溥侗的父亲载治，溥侗继承父业后，这里就成为他和名流们票戏的乐园。溥侗与张伯驹等并称"民国四公子"，他酷爱昆曲和京剧，曾在《群英会》中一人饰周瑜、鲁肃、蒋干、曹操、黄盖五个角色，技艺出神入化。1928年，此园卖给燕大时已破败不堪。燕大将其大部改作农场，因此有了"农园"一名，今天的农园食堂亦因此得名。

[31] 张伯驹（1898-1982），字家骐，号丛碧，河南项城人。集收藏鉴赏家、书画家、京剧艺术研究家于一身。一生致力于书画的收藏，被誉为天下第一藏。后将所藏无偿捐与国家，自云"予所收藏，不必终予身，为予有，但使永存吾土，世传有绪"。

图2.48 三教东边修葺一新的治贝子府。葛峰摄。

2.3　校园生态[*]

* 本节部分图片及生态方面的观点和数据，主要参考了北大保护生物学研究组《北京大学校园改造过程中的意见和建议》一文。感谢许智宏校长和生命科学学院吕植老师。

造园追求的是自然，在园中感受万物存在和生长的节奏。燕园上的诸园，不止匠心独运，富于人文气息，更得自然之助而野趣盎然。中国的土木建筑，本身就很生态，即使万间宫阙化作荒丘，仍可滋养一方草木。传统建筑追求的茅茨土阶，卑抑宫室，确实能将建筑融入大化之中。这种简朴的传统精神渗透在燕园的营造中，使燕园丰厚的生态功能一直得以保持。可惜在近些年的建设中，漫铺草皮，分隔水系，硬化湖底，导致校园生态岌岌可危，亟须引起注意。

从空中看燕园宛若一片绿色之海，道路、建筑、湖水都镶嵌在浓密的绿荫中（图2.49）。

图2.49　蔡元培塑像附近林地。林地形成连贯的系统，树冠交接重叠，不仅给人们散步、休憩提供了绝佳的场所，也提供了优质的生态系统服务。引自北京大学主页。

燕园校区占地2.6平方公里，东西轴线以北地区为次生林——湿地生态系统。所有湖泊通过河道、地下暗渠自由贯通，并与校外万泉河相连，河边湖畔，各种乔木、灌木枝繁叶茂，蔚然成林，为各种野生小动物提供了极佳的生存环境。这些构成了一个自然的生态系统，初级生产力很高，可以进行自然的物质循环和能量循环，以至于有红隼等高生态位猛禽的出现（图2.50）。这种自然生态系统是人工的草坪绿地生态系统不能比拟的。

图2.50 红隼，国家二级保护动物，长年繁殖于北大东门一带。王放摄。

图2.51 刺猬。未名湖畔，夏秋夜晚偶见。王放摄。

图2.52 黄鼬，省级保护动物，城市化之中消失最快的哺乳兽之一。韩冬摄。

北京大学的校园湿地与周边的圆明园、颐和园以及北京重要的生态屏障——西山紧密相依，连接了自然生态系统和城市生态系统。在北京30年来高速城市化过程中，原有城市植被体系日益割裂，成为碎片。城市动物栖息地被破坏，乡土物种被入侵物种代替，在维护整个北京城市景观和生态安全格局方面，北京大学及周围绿地体系所构成的宝贵生态系统的价值愈发凸显。

众多鸟兽选择北大落脚，正是由于燕园的生态在数百年的漫长造园活

图2.53 鹰鸮，国家二级保护动物，北大的鹰鸮繁殖地是北京地区唯一已知的鹰鸮繁殖地。王放摄。

图2.54 鸳鸯，国家二级保护动物，繁殖于镜春园及勺海。王放摄。

动中得到了相对完整的保留。这成为今日北大独特魅力中至为重要的一环：鸟雀翔集，锦鳞游泳，蜂蝶斗妍，猬鼬出没，栖止于此的众生安谧而和谐（图2.51-2.52）。

根据北京大学保护生物学研究组多年的调查，北大共有鸟类135种，小型哺乳动物11种。未名湖水系中共有近20种鱼类，比颐和园昆明湖水系的鱼类种数还多。

未名湖以北的镜春园、朗润园一带分布着连贯的河湖网络，部分湖区尚有自然湖岸，生长着菖蒲、芦苇等湿地植被。国家二级保护动物金线蛙、东方铃蟾即分布于鸣鹤园景区。近30种鸟类在北大有繁殖种群，其中包括国家级保护动物鹰鸮（图2.53）、红隼、鸳鸯（图2.54）等。校园鸟类种数远远超过国内其他大学，占到北京市鸟种的三分之一强。其中鹰鸮、红隼家庭在北大落户，吸引着全国各地的观鸟爱好者。校园鸳鸯繁殖群的研究和保护得到了北京观鸟会立项支持，北大优美的自然景观在生态上的重要性逐渐得到各方瞩目，《华夏地理》2007年九月号上曾将北大校园整体生态景观的报道作为主打专题。

图书馆以北连绵起伏的山丘构成天然次生林体系，地表植被、灌木、乔木构成三个空间层次，各自处于自然的演替过程中。据调查，校内有高等维管植物3门、8纲、110科、385种。观赏植物有百余种，万

图2.55 燕园植物分布图。北大绿色生命协会提供。

图2.56 西门秋天的银杏树。齐晓瑾摄。

余株。北京地区稀有的珍贵观赏品种散布燕园，如七叶树、海州常山、火炬树、黄波萝、栓皮栎、鸡爪槭等；丰富的野生植物，如羊胡子草、二月兰、紫花地丁、野菊花等也把校园装点。

出于对自然原生态的慕习，中国园林的营造十分注意植物搭配种植。燕园的美景并非一蹴而就，而是历代园林匠师根据植物的季相变化，因地制宜地选择树木花草，最终创造出这里一年四季的美景（图2.55）：

三月初，树林、墙根、湖边的羊胡子草悄悄返青，带来了春的消息。三月下旬，未名湖畔山桃花闹红枝头，垂柳披纱戴绿，如帷如幔，拉开春天的序幕。四月中旬至五月初，连翘、榆叶梅、黄刺玫等30多种花木在水畔、在路边、在林缘群芳争艳，春色满园。六月至九月，万木浓荫蔽日，洒下片片荫凉。太平花、紫薇、木槿、珍珠梅等十余种夏季花木，为绿色的校园增添了色彩。九月下旬，柠檬黄的白蜡，暗示着深秋来临，继而银杏、栾树、栓皮栎、元宝槭、黄栌等秋色树（图2.56），在蓝天艳阳下呈现出中黄、明黄、土黄、褐黄、深红、绛红，色彩艳丽，燕园变成一方画家的调色盘。尤其是环绕未名湖的丘陵和俄文楼至北阁山坡的树林，更是万山红遍，层林尽染。十一月至翌年三月的隆冬季节，燕园又回归素静，五千多株常绿乔木苍青葱郁，迎风傲雪。数以千计的落叶树虬曲的枝干与常绿树仍繁茂的绿意相互映衬，在天空湛蓝的背景下勾勒出千姿百态的线条，铺开了一幅气韵生动的画面。北国严冬的一片肃杀中，卓尔不群的燕园仍处处闪动生机，迎接着下一个崭新的春天。

经历了数百年经营，燕园内还有很多古树名木值得一提。据调查，燕园有古树1000余株，这些古树千姿百态、虬枝盘曲，虽老而富有生机，如与钟亭相依为伴苍劲有力的古油松、西校门内老态龙钟的大桑树，临湖轩前两棵挺拔、清雅的明代白皮松（图2.57）等等。学一食堂前两棵雄浑有力的国槐，年事已高，是原晚清军机处门口的两棵风景树。当时的建筑都已不存，只有这两棵国槐还清晰地标明了军机衙门的位置。学一国槐铭刻历史沧桑，早大樱（图2.58）、智慧之树等则记录了中国人民与日本、西班牙等国家的友谊。

镜春园禄岛地处北大生物多样性最丰富的地区，建筑中心在修建过程中没有铲除原有的乔、灌木，铺设草坪这种需要很大资源维护并且生产力低下的绿地，而是通过培植一些观赏树种将人居空间与自然环境区别之融合之，如今禄岛周边已成为鸳鸯、绿头鸭、翠鸟和鹭鸶所青睐的栖息地和庇护所。建筑若隐若现，化身自然，渔樵于江渚之上，侣鱼虾而友麋鹿，可不乐为。

图2.57 临湖轩前两株明代白皮松。黄晓摄。

图2.58 早大樱。早稻田大学与北京大学友谊的纪念。马磊摄。

第三章 近代建筑

　　从一开始，我们就决定按中国的建筑形式来建造校舍。室外设计了优美的飞檐和华丽的彩画，主体结构则全用钢筋混凝土，内部配以现代化的照明、取暖和管道设施。这样，校舍本身就象征着我们办学的目的，也就是要保存中国最优秀的文化遗产。

　　校内的水塔是一座十三层的中国式宝塔，这也许是校园里最引人注目的风景了。我们修复了旧花园的遗迹，还自己种植了草木，从附近荒芜的圆明园移来奇碑异石，又在景色宜人处修建了亭阁。

　　后来，凡是来访者无不称赞燕京是世界上最美丽的校园，以致我们自己也逐渐相信了……现实变得比我的梦想更美好了。

——司徒雷登《在华五十年》

3.1 缘起紫禁城

1914年夏，一位37岁的美国建筑师在紫禁城内
（图3.2）流连徜徉，一连几个小时，完全被这里庄严
的建筑迷住了[1]。事后，他写道："这是世界上最好的
建筑群，其他任何国家、任何城市都不可能找到如此
宏伟壮丽的建筑。"此后长达21年的岁月，他将自己
事业的重心放到了中国，醉心于探索中国建筑传统与
西方建筑技术的结合，在华夏大地上留下了一批被称
为"中国传统复兴式"的建筑。[2]

[1] 1914年，北洋政府内务总长朱启钤提议，将紫禁城向全体国民及外国游客开放。当时仅开放了紫禁城外廷部分；内廷仍由清朝皇室居住。以此，墨菲是年得游紫禁城。

[2] 参见 Jeffrey W. Cody. *Building in China*，1-2页。

图3.2 紫禁城午门。引自潘谷西，《中国建筑史》。

图3.3 清华大学大礼堂。刘珊珊摄。

1914年的紫禁城之行是亨利·墨菲——北京大学燕园建筑的设计者——与中国传统建筑的初次邂逅。

在这次参观仅仅四天后，墨菲经人介绍认识了与他同为耶鲁大学校友的教育家周诒春，几个小时的会谈后，他拿到了在中国的第一份重要项目的委托，设计一所留美预备学校和四年制的综合大学的校园，即后来的清华大学。

此时的墨菲应当正处于故宫之行所带来的巨大震动之中，他首先提出了中国复古风格的设计方案。然而清华学校是以让学生出国后能迅速适应美国大学校园生活为目的而设立的留美预备学校，在当时的中国西洋化程度最深，经过多方面的综合考虑之后，墨菲和校方最终还是选择了西洋风格的新校园建筑，因此现在清华校园标志性的"四大建筑"都是一副洋人面孔（图3.3）。

尽管初次的传统样式的方案没有被采纳，墨菲并没有就此放弃对中国式现代建筑的探索。在来到中国之前，甚至在亲眼看到中国建筑之前，他早已开始了设计中国风格建筑的尝试。1913年湖南雅礼大学的设计中，他使用了中国式的屋顶。为了让屋顶空间能够更好地通风和采光，他在中国式大屋顶上设置了与中国建筑意趣大相径庭的五扇老虎窗（图3.4），这可以说是一次不成功的尝试，最后建成的建筑看起来亦中亦西，风格诡异，然而这个似是而非的建筑，仍然受到了校方的好评。

墨菲敏锐地觉察到了当时中国社会正在酝酿的剧烈变化，一种强烈的预感抓住了他，使他相信这场变化必然会在建筑风格上引起巨大的变局。如前文所

图3.4 雅礼大学教学楼，1914年建。引自 *Building in China*。

言，从16世纪的利玛窦开始，传教士逐渐将西方的文化带入中国，虽然在乾隆皇帝的圆明园里也曾经建起过西洋式的楼观，但早期的传教士始终是低姿态的，他们穿儒服，说汉语，用中国民居、寺庙的方式建筑教堂，仅立十字架为象征。不幸的是，1840年的鸦片战争让洋人在古老的中国文明面前开始耀武扬威起来，一座座欧式教堂次第林立，西洋之风也从教堂慢慢吹向城镇的各个角落。然而中国百姓和跟侵略者沆瀣一气的西方传教士之间很快就起了冲突，1870年爆发了"天津教案"，此后中国内地教案频发，1900年的义和团运动更是将反洋教的情绪推向了高潮。使用进口的外国砖建造的教堂被视为对中国人的侮辱，在各地都遭到损毁。遭遇重挫之后，西方人也开始反省自己的建筑是否一定要继续穿着西洋的外衣。与此同时，在动荡和灾难中不断高涨的民族情绪不断呼唤着现代建筑中国传统表达的出现。

　　千载难逢的机遇正摆在墨菲面前——中国式的现代建筑，没有人知道那应该是什么样子。电灯、暖气、钢筋混凝土……中国人已经看到过现代化所带来的种种便利，但舶来的新技术和新材料，面对数千年在木结构语系中传承下来的中国建筑，却忽然感到手足无措。已经有不少外国建筑师进行过这方面的尝

图3.5 （左）贝公楼的屋角飞檐。刘珊珊摄。

图3.6 （右）金陵女子大学主楼。引自 *Building in China*。

[3] 参见 *Jeffrey W. Cody. Building in China*，第109页。

试，中国式的大屋顶也早就常常被加在西式立面之上，然而墨菲显然比他们都技高一筹。墨菲指出："现代的作品如果不能在模仿屋顶之外更进一步，就根本不可能真正复兴中国风格……这应是一种自上而下一以贯之的风格，从窗的开法到空间的虚实，再到体量和细部。"[3] 为此墨菲提出三点：以紫禁城宫殿为代表的空间形式，以宫殿和塔为代表的建筑形式，以斗拱、飞檐和彩画为代表的细部形式（图3.5）。他认为，这三点才是中国建筑的精华所在。

1914年对紫禁城建筑的详细调研虽然没能如愿地运用于清华学校的设计中，但墨菲从此已跟紫禁城结下不解之缘。1918年，他受托设计金陵女子大学，这次，校方希望建成完全中国化的风格（图3.6）。在后来的校园规划方案里（图3.7），最引人注目的是入口处长长的林荫道，它隐喻着紫禁城邃长的千步廊；林荫道后与其构成纵横对比的大草坪，与太和门前的横

图3.7 金陵女子大学鸟瞰。引自 *Building in China*。

长庭院似乎也有着一些呼应；最后收束中轴线的西山上的楼阁，则象征着紫禁城的景山。而与金陵女子大学同时进行着设计的，就是被墨菲命名为"适应性建筑"风格的中国传统复兴建筑的代表作——燕京大学校园，现在的北大校园所在地。

　　燕京大学由在义和团运动中被焚毁的两所教会大学，汇文大学和华北协和大学联合组成，合并后分为男女两部。1919年，司徒雷登就任燕京大学校长，筹备建设一个新校园，并邀请路思义(Henry Winters Luce)任副校长，专务募捐。司徒雷登自幼在中国长大，讲一口流利的汉语，虽然有着美国血统，但精神上的缕缕纽带将他与中国紧紧地联系在一起。司徒雷登对中国文化一直怀着深深的热爱，在他着手建设新校园之时，五四运动正在全国上下掀起新文化运动的浪潮，民族情绪空前高涨，庚子之变后痛定思痛的教会大学衷心希望学校能够以中国样式建造，他们请来墨菲担任新校园的总设计师。1920年燕园的设计，墨菲倾注了更多的热情。他的雄心是，使燕园"成为仅次于北京紫禁城的建筑杰作"[4]（图3.8）。新校址的位置还尚未落定，墨菲就来到了北京，和燕大校方定下了第一个详细的规划设计方案。

　　这就是燕园最初的方案，校园以长方形的院落

4 赖德霖，《中国近代建筑史研究》，397页。

图3.8 紫禁城鸟瞰。马磊摄。

次第展开，这种布局方式既能够轻松地被西方人理解，同时也深深地刻着中国紫禁城严谨宏大的印记。沿主轴线布置了主校门、主体建筑图书馆—行政楼、基督教青年会馆、医务楼，最后以一座高耸的宝塔收束——对西方人来说，"塔"正是中国建筑最为美丽，也最富神秘色彩的象征。主轴左右还配置了辅助轴线：一条布置了宗教学院和新闻学院，一条布置了职业学院和农林学院。这两条轴线很短，不像中轴线那样贯穿整体，从而对后者构成拱卫之势。整个建筑群主次分明、虚实有致，宛然一座微缩的紫禁城（图3.9）。

或许是巧合，当年和珅仿圆明园经营淑春园，而今墨菲又仿紫禁城营建燕园。这一片土地，可谓荟萃了中国皇家传统营造的精华。只是，走在今日的校园，每个人都会感受到，这一片幽雅宁谧的净土与雄伟壮丽的紫禁城毕竟不同。所以从墨菲的紫禁城到今日的燕园，其间还有许多故事要讲。

图3.9　燕京大学校园第一次规划鸟瞰图，1920年。引自 *Building in China*。

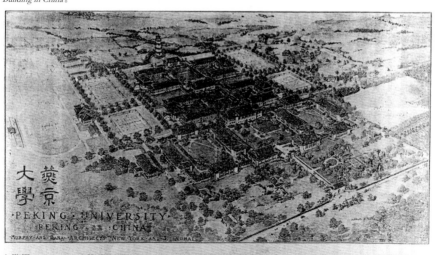

1　CHAPEL
2　ASSEMBLY & STUDY HALL
3　LIBRARY & ADMINISTRATION
4　SCHOOL OF ARTS & SCIENCES
5　SCHOOL OF JOURNALISM
6　SCHOOL OF EDUCATION
7　PRACTICE SCHOOL
8　SCHOOL OF RELIGION
9　CHEMISTRY & PHYSICS LABORATORIES
10　BIOLOGY AND GEOLOGY LABORATORIES
11　SCHOOL OF AGRICULTURE AND FORESTRY
12　VOCATIONAL TRAINING
13　DORMITORIES
14　DINING HALL
15　Y.M.C.A. AND SCHOOL CENTRE
16　INFIRMARY
17　GYMNASIUM
18　FIELD HOUSE
19　POWER HOUSE
20　WATER TOWER
21　TENNIS COURTS
22　PRESIDENT'S HOUSE
23　VICE-PRESIDENT'S HOUSE
24　FACULTY RESIDENCES
25　MAIN ENTRANCE

3.2 面对西山的学府

　　我们靠步行，或骑毛驴，或骑自行车转遍了北京四郊也未能找到一块适宜的地产。一天我应一些朋友之约到了清华大学堂，其中一位朋友问道："你们怎么不买我们对面的那块地呢？"我看了看，……这里靠近著名的西山，荟集着中国旧时代最美丽的庙宇和殿堂。那块地原是一位满洲亲王废弃的园地，后转到陕督陈树藩手中……过了些时候，我们又在附近买了些荒废的园地，这样我们就有了160多公顷土地。

——司徒雷登《在华五十年》

　　尽管已经有了近乎完美的规划设计图，燕大的新校址却仍然没有着落。寻找新校址的过程可谓一波三折。燕大旧址在城内盔甲厂（今北京站）一带，"地基湫溢，出门尘土没胫，臭沟积秽，近在咫尺，而所有之数十万基金，尽费于此，瞻望前途，无以发展。"[5] 学校原本想寻找一处靠近城区的地方建立新校园，最理想的地方在西直门一带，墨菲的第一个规划很可能是基于这种考虑。但经过一番波折，校方几次在城区附近购买地产的努力都失败了。此时，风景优美的北京西郊海淀进入了他们的视野。

　　这是一处远离闹市而又未入山林的郊野地。金代已经是京郊著名的风景区，明代曾有过大规模的园林营造，清代更是成为诸多王侯将相的"赐园"。数百年来几经沧桑，虽然已非原貌，但其基本格局与神

[5] 燕京大学校友校史编写委员会，《燕京大学史稿》，1163页。

图3.10 博雅塔与玉泉山塔遥遥相望。王放摄。

韵依然存在，相对于当时北京城内污浊嘈杂的环境，不失为一处理想的世外桃源。新校址毗邻通向颐和园的大路，靠近美丽的西山，有着远胜于城内的清新空气。去往西山游览的中外游人络绎不绝，不断将新校园的美誉广为宣传。甚至当时传说国立北京大学有意迁往玉泉山，燕大将同时拥有北大和清华两位佳邻。[6] 司徒雷登意外地发现自己的无奈之选竟有着如此多的优点，简直堪称完美了。

　　在对新校址作了一番勘察之后，墨菲认为自己先前的设计可以很好地转适于这个基址，首先要决定的就是校园朝向。很多年后，有一个流传甚广的故事，说当时墨菲登上一座小山极力寻找学校的轴线，当他望见西山，高兴地说："我们的轴线应该指向玉泉山那座塔。"现在看来，燕园的确有这样一条轴线，由贝公楼定位，跨石桥，穿西门，直指玉泉山顶，园中的水塔与远处的宝塔遥遥相望。主体格局坐东朝西，西山美丽的天际线成为学校最好的对景（图3.10）。

6 唐克扬，《从废园到燕园》，三联书店，2009，23页。

一切似乎浑然天成，但这个扭转了90度的"紫禁城"却很容易让地道的中国人产生一丝微妙的违和感。在中国，公认的理想朝向是南向，无论是紫禁城的太和殿，还是四合院里的正房，都以南面为尊。倘若南向不可得，东向也是一个不错的选择，而西向则是极少被中国建筑当作主要朝向的。即使按照当时西方流行的功能主义的观点，西向也很不理想。东向可以带来清晨的阳光；南向有利于采光朝阳；而西向，下午的日晒会破坏室内的舒适。因此习惯上人们总是尽量避免西向，或将次要房间面西布置。[7]一直标榜中国传统的墨菲在这个关键问题上为何却一反常态，而且是大违成规？不谋而合的是，墨菲的另一得意之作——金陵女子大学的校园也是以西部丘陵为对景，主体建筑沿东西轴线对称布置。

墨菲对西向如此钟情，除了那个广为人知关于玉泉山塔的传说外，更重要的恐怕是他作为一个西方人来自文化深处的记忆。教堂的入口多设在西侧，信徒从西面进入，面向东部的圣坛。作为燕大教育者的传教士们，恐怕在潜意识中都怀有教堂东西向空间的记忆。所以，玉泉山上的那座塔确实是令墨菲喜出望外的发现，它不仅给了校园面向西山的优美风景，还在冥冥之中成就了燕大作为一个教会学校的宗教理想。

燕园的建筑采用了中国传统样式，建筑的组合也运用了中国传统手法。但站在办公楼前的广场上，面对迎向西方的壮丽楼群，人们依然能感受到建筑背后的西方理想：这是一处充满着西方意味的宗教空间。从这个意义上，我们或许可以说，燕园的建筑是中西合璧的，将中国的宫殿建筑与西方的教堂空间揉合于一体。司徒雷登说："我原来的目标是……把学校最终办成一所中国大学，让人们仅仅在谈到其历史的时候，才想起它的西方渊源。"[8]墨菲用建筑实现了他的愿望，置身于今日校园，历史的脉搏依然隐约可触。

[7] 方拥，《埃菲尔铁塔的花边》，《读书》，2004年第11期。

[8] 司徒雷登，《在华五十年》，67页。

3.2.1　西校门与校友桥

　　这样，西校门就理所应当地成为了燕园的正门。在墨菲的设计图上，西校门是一个歇山式的传统建筑，体量不大，入口和清代常见的小庙一样，砖砌的三间小建筑，中间开了一个简单的拱券式门洞。1926年，当燕大校友们为修建校门而集资时，校园建筑已基本建成，相对于校内壮丽的大厦来说，原设计中的校门不免略显寒酸了些。幸好燕大距离颐和园并不算远，校友们很快决定仿照颐和园的东宫门进行设计。以清代皇家园林的主要宫门作为校门的原型，自然令燕园的入口显得贵气非凡（图3.11）。

图3.11　校友门。黄晓摄。

图3.12 校友桥。刘珊珊摄。

因为是校友捐资所建，西校门又称校友门。门宽五开间，中部三间敞开朱红大门，门上闪耀着一排排金钉。门口的红柱前悬挂华丽的宫灯，梁枋上绘着青绿相间的旋子彩画，装饰着花草和园林美景。屋顶是卷棚歇山式，为了与西山优美的自然风景相协调，铺着低调的灰瓦。大门正中原挂着蔡元培手书的"燕京大学"匾额，在北大迁入后，又换成毛泽东题写的"北京大学"四字。门前左右两侧立着一对石狮，是校友们1924年从民间购得。狮子鬃发虬卷，目光炯炯，威风凛凛地守卫在门前，为校门增添了一份庄严气氛。

走进西门，一座雕镂精美的石桥横跨水面，中分"一鉴方塘"。建校前燕大是几个已经废弃的园林旧地，此处原是旧园的池塘，负责学校营建的师生们顺应地势在这里整理出一个方池，把校门和教学区隔开，对岸楼台花木，倒影水中，更显得神秘渺远。校友们又捐资修建了一座石桥，就叫校友桥。石桥三孔相连，桥拱颇高，从此岸走向彼岸，不由得让人产生朝圣之感（图3.12）。

3.2.2　办公楼群

正对石桥矗立着三座中国传统复兴式的大楼，围合成开阔的方形广场（图3.13）。这里是燕园早期的主要教学区，也是现在北大的行政教学区，是整个校园的行政中心。广场修整为几何形的西式花园，中央是色彩粲然的圆形花坛，四面绿草如茵。一对华表巍然耸立在草地左右，标识出广场的入口，上面雕刻着祥云蟠龙，它们是建校时来自圆明园的艺术珍品。

广场尽端面西而立的是燕大主楼，为纪念对燕大做过贡献的贝施德主教（James Whitford Bashford, 1849-1919，又译为贝施福）而建，称贝公楼（图3.14）。现在这里是北大校长办公的地方。二楼是著名的大礼堂，用中国传统的宫灯和彩绘装饰，基调为红色，富丽庄严，学校的重要庆典都在这里举行。

图3.13　贝公楼建筑群，其北为外文楼，其南为化学北楼。刘珊珊摄。

办公楼建筑仿清朝宫殿形式，由主体和两翼耳楼构成。灰色筒瓦屋顶横分三段，中部是歇山式，两翼是庑殿式。檐下密设斗拱，梁上绘有点金彩画，雪白的墙壁上装饰着云纹堆塑，通贯两层的红柱将墙壁分隔成五开间，露出一扇扇朱红雕花的窗户。明间大门前伸出一个抱厦，抱厦顶部是二层的阳台，这却是西方常见的设计，可供人在此对公众发表演说。以前校内举行大型集会时，这个阳台常被用作讲坛，办公楼前的大片草地上就成为听众的广场。楼身下部由花岗岩条石筑成，坐落在雕饰精美的须弥座上，正面月台前装饰着刻有云龙图案的丹陛石，台下左右镇守着两只石麒麟，三者都是来自清朝宫苑的遗物。

广场左右两翼分别是化学北楼（图3.15）与外文楼（图3.16），曾经又称睿楼和穆楼，也是仿清宫殿式，灰瓦庑殿顶，正面分为红柱白墙的九间，底部墙基用花岗石砌筑。办公楼南北又有两座东西向的建筑，分别是档案馆和民主楼（宁德楼）（图3.17），都为七开间的歇山顶建筑。与广场两翼平行分别有九间庑殿顶的化学北楼和赛克勒博物馆，它们又围合成两个三合院，和主广场的三合院平行展开。其中赛克勒博物馆是1991年才依照最初的规划加建完成的。

这些建筑都是传统复兴式，大多为两层楼宇，唯

图3.14（左） 贝公楼入口。黄晓摄。

图3.15（右） 化学北楼。刘珊珊摄。

图3.16（左上） 外文楼。刘珊珊摄。

图3.17（右） 民主楼入口。黄晓摄。

图3.18（左下） 档案馆。黄晓摄。

独档案馆是三层（图3.18）。档案馆原本是燕大的图书馆，一层是阅览室，二楼周围布置有单独的隔间，供研究生和教授使用，中部原布置有天井，并有天桥飞跨空中，1936年改造时将楼板填平，增加了使用面积；三楼曾被用作书库，当时藏书数众多，有丰富的善本和珍本书，在合并后都归入北京大学图书馆。

富丽宏伟的燕园建筑在刚刚落成时就备受称颂，燕大人也颇以为豪。然而看惯了中国的宫殿，乍见燕园的建筑总有几分不适。比如传统的屋顶从庑殿、歇山到悬山、硬山，形制由高到低，等级分明。通常作为主体建筑的正堂采用最高等级的屋顶，两厢次之，余屋又次之。但在燕园教学区中，处于主体地位的办公楼、民主楼和档案馆使用的是歇山顶，而左右的两翼却用了等级更高的庑殿顶，可谓虽得其形不得其礼。作为一个西方建筑师，墨菲虽极力模仿中国，总难免有一些"心向往之而终不能至之处"。

当年任教燕大的钱穆与南开大学教授冯柳漪在园中闲步，流连观瞻，意兴盎然。赞叹之余，友人忽然提出，中国的宫殿都有台基高峙地上与之相称，为何燕大这一片巍峨的建筑却没有高大的基座相衬，仿佛人峨冠高冕，而两足只穿薄底鞋，不穿厚底鞋，望之有失体统。[9]渊博如钱老，也不免一时语塞，深以为然。冯教授的评论确属"行家之言"。在传统建筑中，基座非常重要。梁思成曾经论述道，"中国的建筑，在立面布局上，显明地分为三部分：台基、墙柱和屋顶。任何建筑……中间如果是纵横着丹青辉赫的朱柱、画额，上面必有堂皇如冠冕般的琉璃瓦顶，底下必有单层或多层的砖石台座。"[10]

古代筑造台基是为了防水防潮，后来演变为主人身份地位的象征。基座的缺失是墨菲的疏忽还是有意之，无从考据。但就建筑本体而言，燕园建筑大多建有地下室，自身就能防水防潮；地下室需要采光通风，并不适宜建造台基[11]；将建筑沉入地下再筑台基也殊多不便，不像古代先将基地夯实，台基便于修筑。就建筑象征而言，作为学校并不需要故宫那样的威武庄严，不用高台基反可平添几分自然亲切。

至此，由紫禁城向燕园的过渡终于完成。紫禁城宛如一场华丽的美梦，墨菲从梦境出发，一步一步走向现实。最后的作品，正如人们所说，既不是皇家园林，也不是殿堂庙宇，而仿佛中国古老的书院，宁静典雅，大度从容。

9 钱穆，《师友杂记》。

10 梁思成、刘致平，《建筑设计参考图集第一集·台基简说》。

11 女生体育馆（二体）建造了台基，地下室为一封闭黑暗的空间，通风采光均不佳。

3.3 湖光塔影

湖和塔的天作之合是未名湖畔的神来之笔，永远富有哲理，永远耐人寻味。湖动，塔静；湖柔，塔坚；湖纤巧，塔伟岸；湖空灵，塔凝重；湖欢快，塔沉思；湖依偎大地力求平稳，塔直指天空崇高正直；湖透着女性的秀美，塔蕴藉着男性的阳刚。

——余杰

校园西部的教学区布局庄重规整，但毕竟和燕园原本自然起伏的地形并无太多呼应关系。对墨菲这位西方设计师来说，中国的园林地并非他所擅长的领域，一处以河溪湖池为主体，山峦岗阜为骨架的废园基地，是很难完全转适于最初规则工整的规划的。建筑与自然是两种不同的环境，二者相成却又相反，相互关系不易调和，即使在以天人交融著称的园林中也是如此。从前的皇家园林如颐和园，私家园林如拙政园，虽都有园有"宅"，但"宅"与园各自独立，承担着不同的功能，也保存着自己的性格和意境，前者平面对称集中，承担着居住功能，后者则以山水为主体，建筑布局零散疏落，仅作游赏停歇，点缀风景之用。对于燕园来说也是如此，位于西部的主要教学区采用紫禁城宫殿式的对称布局，但是当时作为主要宿舍区的东部又该如何布置呢？

燕园的建筑要满足办公、教学和居住等种种现

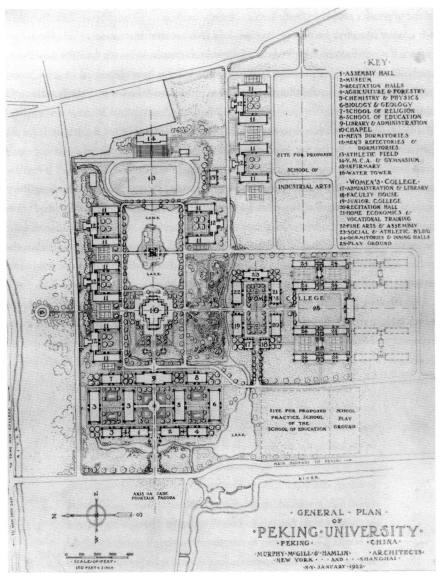

代建筑的复杂要求，不能像传统的园林建筑那样，仅有不大的体量和简单的功能，作为山水风光的配景。现代化的建筑如何能与这片前朝遗留下的园林共存，是需要既懂得现代建筑，又熟悉中国园林的人，经过反复琢磨推敲才能完成的工作。这一工作对于远离燕园，在遥远的美国进行设计的墨菲来说尤显困难。在

图3.19　1922年燕大的二次规划，未名湖仅为方形小池。引自 Building in China。

墨菲初期为燕园新校址所作的设计中，校园东部南北对称排列着男生宿舍，东侧还有面积宽广的男生运动场，诸多大型建筑中间仅有一个方形的小池塘，算是在当时已经被淤塞为稻田的未名湖的一点遗迹（图3.19）。

　　幸好当时还有学校师生组成的校景委员会关怀着校园建设的进展，师生们在燕园里朝夕生活，对于校园里的一花一草，水木土石之布置改善，莫不用心关注。校园中常常有山石土堆一夕之间失其所在，不知者还以为是夜间愚公率其子孙之所为呢。[12]师生们对这种现象很不满，并强烈反对填没小湖，把东部建设成为重复单调的宿舍楼群。他们坚持保留风致自然的湖面和湖水南岸起伏的山丘，并减小宿舍建筑的体量和数量，这才保住了未名湖的水色山光，成就了一派别具乾坤的洞天福地（图3.20）。

　　后来，墨菲又在未名湖以南规划了南北向的燕大女部校区，如此一来，整个校园就以湖面为中心组织起来，轴线主次分明（图3.21）。玉泉山塔确定了东西主轴线，自西向东排列着西校门、办公楼、湖心岛，最后消失在东部丛林中；南北次轴线以女部的第二体育馆为起点，穿过静园草坪、中分北岸四斋，最

12 董鼒编，《学府纪闻——私立燕京大学》，219页。

图3.20　1926年最终规划方案。引自 *Building in China*。

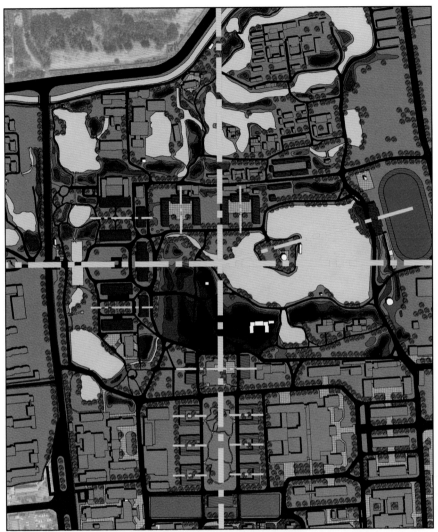

图3.21　燕园轴线。黄晓绘。

后消失在北部丛林中；两轴线交点与第一体育馆中心
相连，恰为建筑法线，从而确定了一体的位置；这三
条轴线与各组建筑的次轴线相呼应，将全园建筑联结
成一个有机整体。而主次轴线交汇于湖光山色之中，
更强调了园林在校园中的重要地位。

3.3.1　未名湖

　　确立了以山水而非以建筑为主宰的中心思想之后，许多问题就迎刃而解了。湖畔建筑分散地布置在北岸和东岸，又后退了相当的距离，这就避免了因体量较大而可能对自然风景造成的破坏。沿湖南岸全是自然的山林风光，仅仅留有清朝花神庙的小小山门，独立于浸入湖水的半岛上，通过一座古朴优美的小石桥连接湖水南岸山脚的小路（图3.22）。绵延于西部和南部的山坡，将校园的主要建筑群遮挡在湖区之外，保证了湖区风景的完整性。山上有圆顶六角的钟亭，内悬古钟，担负着为燕园报时的重任。

　　湖水中留出了枫岛，岛上遍植枫树，一到初秋，层林尽染，风情无限（图3.23）。岛边保留着旧日园林中的石舫，据说当年墨菲就是以舫上的石钉为零点作了测绘，并设计整个校园的。在设计初期，曾计划将枫岛建成整个校园的社交中心，在上面建设形制各

图3.22　未名湖南岸，仅见小巧山门。刘珊珊摄。

图3.24 未名冬意。方拥摄。

图3.25 刚建成的未名湖建筑鸟瞰，引自网络。

异的建筑。不过最终只建了一个八角形的小亭，纪念前面提到过的燕大副校长路思义，称为思义亭。但这里终究还是行使了社交中心的功能，思义亭内曾供应茶饮，亭旁有小广场，可小饮、聚会或赏月，这里还是乐社集会之所，常有人鼓琴吹箫，临水清歌，游人隔水听来，婉妙缥缈，恍若仙境。

湖水潋滟多姿，宜雨宜晴。春有百花斗艳，野鸭戏水。夏有凉风送爽，柳丝含情。秋天则是未名湖最美的时光，枫岛自不必言，湖水沿岸的各色秋树纷纷染上从金黄到猩红各种深浅不同的色彩，上演一出恢弘的秋日交响曲。若到隆冬，未名湖又会变成同学们的冰上乐园（图3.24）。未名湖上溜冰早有传统，早年学校的体育课还会设置溜冰、冰球等冬季课程。少年学子们婉转冰上，龙飞凤舞，花式万千，也是一道青春的风景。

东有庄严的博雅塔、高敞的体育馆，南依静谧的临湖轩、巍然的图书馆，西望轩昂的办公楼、朴雅的西校门，北靠齐整的德才七斋、灵秀的石屏风；湖中还有点睛的一岛一鱼一石舫……未名湖滋养着一个个充满灵性的景观，使这里散发着永恒的魅力（图3.25）。

未名湖的美，咏叹不尽。下面我们就采撷几座湖畔的建筑，德才七斋、第一体育馆、临湖轩、博雅塔……借此数叶，领略未名湖的神韵。

3.3.2　湖畔七斋

未名湖北岸放置了七座中国传统式的楼宇庭院，多以较窄的山墙面湖，墙面上还设计了朱红的柱廊，使建筑与风景相互渗透，为两者的交接作了过渡；传统形式的屋顶，优美的曲线映入湖中，更显轻盈灵动，柱子和檐下明丽的色彩为绿树碧水增添了一抹亮色（图3.26）。

这七座楼宇掩映在树丛间，与南岸起伏的山地呼应，环抱着水色湖光，清幽迷离。它们就是被北大分别称为"德、才、均、备、体、健、全"的七斋，布置在北岸，取"水北为阳"之意，当年是燕大男生和青年教师的宿舍。

西侧两组是前期建成的四座宿舍楼，起初也以捐款人的名字命名为"斐斋"、"蔚斋"、"干斋"和"复斋"。后来被北大编为"德才均备"四斋，或称"红一、二、三、四"楼。各自分作两组，都是三合院，之间有作为食堂与公共用房的正房，两厢为宿舍，中间以柱廊相连，柱廊二层还可作为天桥相通（图3.27）。这几座楼房由美国人捐资兴建，资金充裕，建筑也十分豪华，使用的是当时最先进的钢筋混凝土结构，房屋内部引入了各种便利的现代设备，有电灯、冷热自来水、水厕、自排水的水

图3.26 湖畔七斋。刘珊珊摄。
图3.27 天桥连廊。黄晓摄。

图3.28 湖滨楼与平津楼。黄晓摄。

图3.29 体斋。刘珊珊摄。

图3.30 檐飞廊顾。黄晓摄。

图3.31 备斋。黄晓摄。

盆，还有暖气。然而这几组建筑的设计也同样有朝向失误。承担居住功能的楼房作东西向，冬冷夏热，而作为三合院主体的南向正房，却被用作饭厅等服务性功能，与中国建筑的尊卑礼制不甚相符。

两组三合院往东，是由平津地区的实业家资助建成的"湖滨楼"与"平津楼"，北大称"体斋"与"健斋"（图3.28）。由于校方师生的坚持，这两座楼没有像原设计那样建成前四斋那样的宏伟庭院，而是更加朴素别致的单个楼宇。体斋是玲珑的四方形（图3.29），健斋则是长方形，两斋以廊相连（图3.30）。形态与体量的变化，打破了原设计的单调对称，与自然形态的湖面结合得更加亲切。健斋北面是全斋，离湖面已经较远，故与其他各斋的楼阁式风格不同，是封闭式的院落，四周以建筑围合，暗含"完全"之意。

七斋体量雄浑，气势开敞，与男生的性格颇为相合。面向湖面的山墙设计了透空的柱廊，既提供了观景的休息空间，又与湖畔的风景相融和。柱廊是传统建筑中的重要元素，与中国以院落为主的建筑思想有关（图3.31）。房屋作为院落的"四壁"，如果太封闭，人在院内就会如困笼中。因此从室外到室内，营造了一系列过渡空间：出挑的屋檐和台基构成第一层，这一层基本是空的，仅有上下两处限定。檐柱、额枋、雀替构成的柱廊是第二层，这一层也很通透，不过是个框架。再往里，柱子加上门窗隔扇构成第三层，才分隔开了室内室外；但门窗可以开启，可以说依然是隔而未断。经过这样三层过渡，建筑就与环境合而为一，融为一体。燕园里的建筑大多没有柱廊，只有七斋以临近未名湖而例外，设计也可算得体而合宜了（图3.32）。

现在各斋成为学校办公和接待国际友人的场所。德斋是宣传部、组织部等；才斋是研究生院；均斋是科研部、国内合作部等；备斋是北大教务部和继续教育部。体斋和健斋是国际访问学者的公寓，全斋则被拆除改建为国际数学中心。

图3.32 从备斋隔湖眺望第一体育馆，黄晓摄。

3.3.3　第一体育馆

　　未名湖东岸是第一体育馆，它曾是燕大的男生体育馆，与贝公楼相似，也是坐东朝西，主体伸出两翼。不同的是，体育馆的主体为庑殿式屋顶，墙下没有古典式华丽的须弥座，为了和庞大的屋顶相协调，下方第一层用粗犷的灰色条石砌筑，处理为基座的样式，但紧靠地面开了窗，以便于地下空间的使用。入口设在主体两侧，台阶配有汉白玉护栏（图3.33）。体育馆刚建成时可谓设备一流，室内使用了轻便的三角型钢屋架，以形成体育活动需要的大跨度空间。

　　馆内中部主体有地上和地下两层，地上是有南北看台的篮球场，常举行集会和舞会。地下为健身房，以前设有热水淋浴设备，运动后沐浴一番，洗去汗水，十分惬意。两侧耳楼也是庑殿顶，地下一层，地上三层。地下有专门存放冰鞋的房间，冬季湖面结冰，楼前对外租借冰鞋的窗口就热闹起来，往往会排起长队。

　　为了让出东部的湖面，原准备设在湖东岸的运动场被设在了体育馆身后（图3.34）。体育馆矗立在湖边。由于体量略显高大，又沿湖东设置了一组假山，遮住馆身下半部的混凝土墙，从对岸遥望，仅能看到端庄错落的灰色屋顶和粉墙红柱的建筑立面，掩映于临水的绿树丛间。假山之下又设高耸的拱桥，锁住了湖泊的水口，给人以水面无尽的错觉。

图3.33　第一体育馆入口，可见地下室的窗口。刘珊珊摄。

图3.34　第一体育馆及其东侧的运动场，着色老照片，引自网络。

3.3.4 临湖轩

未名湖南的丘峦上有一座三合院，院中一片竹林，深幽清寂；庭前两棵白松，婆娑弄影。整个院落显出一种神秘气息，安祥地俯瞰着山下的湖水。这里曾是老校长的住宅——临湖轩。

回溯历史，临湖轩要算燕园建筑中的老者了。乾隆年间这里是和珅淑春园中的"临风待月楼"。1860年，淑春园被毁，只有未名湖边的石舫基座和这座楼保存下来。燕大建校时，美国人乔治•柯里夫妇捐资将楼修缮一新，作为住宅赠给校长司徒雷登（图3.35）。

当时临湖轩还没有名字。1931年校友们在此聚会，座谈中冰心提议将其命名为"临湖轩"，并请在座的北大文学院院长胡适题写了匾牌，悬挂在临湖一面的门额上。

临湖轩名义上是校长住宅，实际则是学校的公共场所，常用于接待贵宾，召开重要会议，有时还举行年轻教师的婚礼，吴文藻与谢冰心、费孝通与王同惠的婚礼都是在这里举行的，司徒雷登担任证婚人。

新中国成立后，司徒雷登回国；这里曾由燕大校长陆志韦居住。1952年院校合并，北大校长马寅初初到燕园也居住于此。如今这里作为北大外事处，专门接待外宾。

图3.35 初建成的校长住宅，老照片，引自网络。

3.3.5 博雅塔

墨菲最初设计中作为中轴线收束的宝塔，最终被移至湖水东南角的小山坡上。这一改变颇得中国文化的妙趣；中国人推崇的，正在似与不似之间。虽然只是位置的微微移动，却由此而使全园生动，燕园顿从呆板的八股变为隽永的小令（图3.36）。

此塔本有着实际的功能，承担着为全校储存提供自来水的重任[13]。为了与湖畔的景致相协调，塔的外形也曾经历过一番争论。在一个西方教会的学校里，建造本属于佛教的宝塔浮屠，是否合适呢？

墨菲同当时大部分西方人一样，对中国的宝塔情有独钟，认为塔最能代表中国的建筑风格。西方的教堂有追求建筑高度的传统，早期教会在华建设教堂，为求建筑的本土化，也曾将佛教的宝塔引入教堂的设计之中，替代钟塔的位置。塔这一建筑形式虽来自西域佛国，却也早已融入文化基因之中。中国自古就善于建立宝塔美化风景，各地更有设立文峰塔，以宏昌地方文运的传统。文峰塔通常习惯于设置在东南巽位，水塔在未名湖畔的位置恰与此不谋而合。

最终大家均同意水塔采用中国传统风格。燕大哲学教授博晨光（L. C. Porter）的叔父愿意捐资，用以补足修建中国式宝塔外形的高昂差价，为纪念博氏家族对燕大的贡献，命名此塔为"博雅塔"，亦

[13] 1924年在校园东南角打了一口深井，需建一座高塔向全校供水。1920年初步规划中的塔主要出于构图需要，现在有了具体功能，塔的位置也便随并而定，从正东移置东南。

图3.36 博雅塔。刘珊珊摄。

合燕大提倡的"博雅教育"之意。水塔的外形曾有几个不同版本的设计，墨菲和当时参与燕园建设的中国工匠曾各自画出一座宝塔，然而都未尽人意。此时，有人想起了位于通州运河畔的燃灯古塔。通州协和大学正是燕大前身之一，这座辽代风格的古塔也曾是学校记忆的一部分。于是学校派遣一名学生专程去通州古塔作了测绘，在燕园用钢筋水泥重现了原为砖木结构的燃灯塔[14]。

[14] 燃灯古塔，砖木结构，密檐实心。塔身八角，十三层，高56米。

　　1929年，水塔建成，基座用石，其余全为钢筋混凝土；高37米，平面为八角形，下有双层砖砌须弥座，其上三层俯仰莲瓣承托密檐十三层的塔身；塔身四开券门，两旁开方窗，仿砖木结构，复制了辽代雄大的斗拱（图3.37）。塔内中空，有螺旋楼梯直达塔顶；登顶远望，西山秀色可尽收眼底。高耸的宝塔成为了湖区造景的点睛之笔，优美的轮廓装饰了湖畔的天际线，塔影落入湖心，随波摇动，柔美无限。

　　多少年来，未名湖以它的轻盈承载着博雅塔的凝重；也因为塔的凝重，湖的轻盈更显丰富。北大人在他们充满深情的文字中常常这样写道："校有博雅，塔有精魂"。湖光塔影已成为燕园不朽的神话。

图3.37 水泥仿制的斗拱。刘珊珊摄。

3.4　静园有姝

> 我没有一座大房子，但我们有一块草坪；
>
> 我不知道向哪里是面朝大海，但知道未名湖只有几步；
>
> 即使未名湖不是海洋，我们也可以期待春暖花开；
>
> 期待静园的风筝、孩子、快乐和年轻。
>
> ——燕园学子

未名湖南岸的山峦之外亦有可观之处，这里是建设比男校稍晚的燕京大学女部校区。和男部比较起来，女部的建筑都显得小巧精致，舒适温馨，同样一以贯之的，是三合院式的品字格局。不同的是，男部校区的建筑雄伟开阔，充满阳刚之气，而女部校区的设计则雍容优雅，含蕴内敛，更体现了中国建筑体系中深厚的院落文化传统。

在那个年代，女孩子已经开始接受教育，逐渐走上社会的舞台，但像燕大这样的男女合校的大学还是一件新鲜事。虽然在金陵女子大学中，墨菲已经开始用堂皇的宫殿来设计女生宿舍（图3.38），但在中国的王都旧城，传统文化的氛围还是更加浓郁一些，墨菲为这些刚从深闺走入学堂的女子们选择了更具私密性的院落空间，来组织女部的建筑群，以便她们能够更快融入新的环境（图3.39）。

图3.38 金陵女子大学的宿舍，燕园男生宿舍与之形式相似。葛峰摄。

图3.39 静园小院入口。方拥摄。

　　院落在中国建筑中具有无可比拟的重要性。西方以实体建筑为主，中国则以虚体院落为主。除了房屋内部的使用空间，院落空间是家庭活动起居更重要的中心。以院落为中心将建筑组织成一个有机整体，既有种种生活便利上的考虑，又暗含着虚怀若谷的隐喻。中国人对虚空有一种特别的感情。庄子说："虚室生白。"又说："唯道集虚。"绘画讲究留白，书法讲究空灵，文学讲究"此时无声胜有声"……中国人的艺术体验，是于空寂处见流行，超以象外而能得其环中。

3.4.1 南北阁与俄文楼

毗邻湖区山林之南的女校教学—行政区同办公楼区一样，也是朝西的品字形三合院。主体建筑为俄文楼，当时称为圣人楼，由Mrs. R. Sage捐赠，又叫Sage Hall，简称S楼，1931年改名"适楼"。楼高两层，以通高的红柱分为九间。作为女校的主体建筑，俄文楼的体量和规模都比办公楼小很多，也采用了歇山式的屋顶，却没有办公楼两侧伸出的两翼，也没有高耸的须弥座台基。所以与办公楼比较，俄文楼显得更加谦逊与平易近人，却也因此失去了办公楼那种当仁不让的魁首之势。俄文楼是女部的教学楼，内存储着各种中外杂志报刊的阅览室，还有一个小礼堂，有戏台供男女生在此演出或开会，现在这里是北大对外教育学院所在地（图3.40-3.41）。

图3.40 俄文楼秋景。刘珊珊摄。

图3.41 俄文楼铭文，始建于1922年。刘珊珊摄。

在俄文楼西部，墨菲最初曾设计过两座东西长的庑殿顶配楼与俄文楼相衬，最终却没有建成，只留下两个方形攒尖的高阁陪伴楼前，称南北阁（图3.42），又叫"姊妹阁"。两阁都是灰瓦四角攒尖顶，高两层，下层七开间，建于1924年，是一对"孪生"建筑，相依而立，方正中不乏清秀，既像亲情依依的姊妹，又像深情款款的恋人。

有人说，司徒雷登思念远在大洋彼岸的两个女儿，特意在燕园修建了这两座一模一样的阁楼，以寄相思。还有

图3.42 南北阁。刘珊珊摄。

人说，司徒雷登的两个女儿曾分居在两阁中，方圆十几米以内是轻易不让男士入内的；并因此得名"姊妹阁"。时光悠悠，这些美丽的传说在燕园流传了一代又一代，给两阁蒙上了一层暖暖的温情。

传说虽然美丽，历史其实另有渊源。

北阁与麦美德女士（Mrs. Miner）有关。麦美德是原华北协和女子大学校长，三校合并后，成立燕大女部，她成为首任女部主任。燕大女校一路的发展都是在她的努力下完成的，为了纪念她，北阁建成后就被命名为"麦风阁"（Miner Hall）。当时男女宿舍"银湖相隔"，但学生社交却相互公开，男生若来拜访女生，可在北阁一楼的交谊室相见。楼下一个大客厅，安置了许多沙发，椅背颇高，宫灯相对，是约会畅谈的佳所。现在这里是北大学生就业指导中心。

南阁是麦美德博士的办公楼，1928年由甘伯尔夫人（Mrs. Gamble）捐款建造，因此命名为"甘德阁"（Gamble Hall）。曾是女部主任及单身女教职人员的住所和办公处，现为北大国际合作部。

3.4.2 第二体育馆

图3.43 "燕"字井盖。方拥摄。

图3.44 第二体育馆，马磊摄。

南北阁和俄文楼以南，有一片更加开阔疏朗的草坪，地上芳草如茵，小径蜿蜒，点缀着几株不同种类的花木。这里是北大规模最大的一片草地，叫做静园，以"静"为名，易于亲近。阳光好的时候，在草地上散步、读书，或者躺在草坪上，与天光云影一道神游，都是很惬意的事。

半个多世纪来静园屡经变迁，最初，是一片分隔两边院落的草坪。20世纪70年代改成果园，遍植果树，并以高墙围护。到80年代末才砍去果树，重辟为草坪，并取名"静园"。20世纪初燕大校园建设时遗留下来的"燕"字井盖，依然镶嵌在这里的小路上，提醒着我们一些往事（图3.43）。

静园草坪南端，又有一座巨厦，座南朝北，护卫着眼前的绿地。这里是北大的第二体育馆（图

3.44），以前燕大女部的女子体育馆。虽然它的体量比办公楼和第一体育馆略小，却并没有被分成三段，而是灰瓦庑殿顶的一个整体，又因周围环境不像第一体育馆那样开阔，它看起来似乎比后两者还要大些。内部用的也是型钢屋架（图3.45），楼身被红柱划分为九间，底部用黄色花岗岩设计为基座的式样，却在正中设了拱门，还开了窗户。更有趣的是，这座中国宫殿式的建筑，并不像传统中国建筑一样仅在正面设出入口，而是像西方神殿一般从较窄的山面进入，山面入口前着重修饰，装饰了清式的汉白玉台基，还配有月台，这恐怕也是渊源于西方文化的设计细节之一（图3.46）。

图3.45　二体球场，型钢屋架。刘珊珊摄。

图3.46　二体西端入口。黄晓摄。

3.4.3　静园六院

在静园草坪两侧，各有三座灰墙灰瓦的传统小院，与第二体育馆呼应，又组成三合院的品字型，它们幽静典雅，颇似千金小姐的绣楼。这就是人们常常提起的六院，在故人眼中，这里自有一分旖旎的风光，只因这儿以前是燕大的女生宿舍，不到校庆开放日，从来是男宾止步的。

最初，女生宿舍和男生宿舍一样，也被设计为东西向的宿舍楼。但建设女校时，男校已经使用了一段时间，这使得墨菲能够及时发现问题，纠正朝向的错误，将女生宿舍的主要朝向变为了南北向。墨菲曾在此设计了十二组三合院，当时只建了其中四院（一、二、四、五院），三、六两院是1952年根据当初的图纸加建的，仔细观察还能看出它们间的细微区别。

图3.47 五院内景。李敏摄。

六座庭院略为相似，都面朝中间的草坪，开了灰瓦卷棚顶的小门，与两侧的虎皮墙相连。庭院内是两层楼组成的三合院。两侧为灰瓦硬山顶的宿舍楼，由方砖砌成的柱子分为十几间，每间住两人，个别大房间住三到四人。中部是公共用房，有厨房、餐厅和阅览室，阅览室里有中英杂志报纸，常有女生在这里拉提琴，或开夜车。中部的建筑较华丽些，虽也是简单的灰瓦硬山顶，却用了红柱装饰，檐下还绘制了苏式彩画（图3.47）。

楼房虽然朴素，内里的陈设却丝毫不输男生宿舍，甚至更加完善舒适。暖气和冷热自来水自不必言，每层楼有两间盥洗室，还有水厕、浴室、淋浴室多个。庭院内的植物各不相同，有的小院门楼上爬满紫藤，初夏藤花盛开，甜香弥漫，沁人心脾。有的种丁香、玫瑰，色彩各异，还有的种植青松绿柏，格调自与他人不同。每到春季宿舍开放日，女生们都会把房间收拾得整整齐齐，摆上鲜花和糖果，迎接参观的宾客。

六院有着浓郁的中国风味，然而走进小院，依然会觉得有一点蹊跷，有一点似是而非。中国的三合院基本都是对称的，六院的建筑虽对称，面向庭院的墙面处理却不然：向南的墙面开着大窗，向北的则只有小小的高窗（图3.48）；加上院中植物的生长也不均衡：北部光照充足，枝叶繁茂，南部常在阴影下，树木就比较弱小。这一下子就打破了我们的视觉习惯。

中国的院落大多坐北朝南，厢房一东一西，开窗不会有什么矛盾，草木也不会长得一边大一边小；六院却是东西向的，厢房一南一北，若都朝庭院开窗，南厢就会向北敞开，既不利于采光，更不利于蔽寒。建筑内部的舒适与庭院视觉的统一，权衡之下墨菲选择了前者。

表面看这只是朝向问题，实际则反映了中西建筑文化的差异——一个以院落为中心，一个以建筑为中

图3.48 开敞的南面与北面的高窗。刘珊珊摄。

心。建筑立面表现出二重性：既是建筑的外观，又是院落的背景。西方重前者，将建筑作为雕塑，注重处理建筑各立面的关系。中国则重后者，人处于院落之中，注重处理庭院内各立面的关系。因此，我们眼中的六个院落，在西方人看来却是十二座房子。事实也正是如此，六院的十二座厢房全部坐北朝南，然后两两以正房和院墙联系起来——先有建筑，后有院落。诚如钱穆先生所叹，"西方人虽刻意模仿中国，而仍涵有西方之色彩。"形式和手法可以模仿，文化与思维却不易改变。

现在六院经过改建修整，成为一些院系、研究所的办公场所。历史学系在二院，信息管理系在三院，哲学系在四院，中文系在五院。

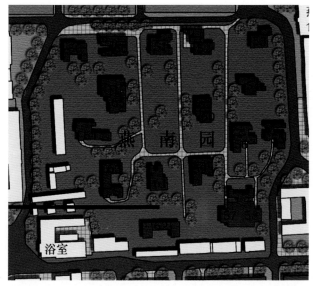

图3.49 燕南园平面图。黄晓绘。

3.5 燕园别墅

　　如果你不知道这里曾经发生的故事，走进去，只会觉得这是一座普通的园子，甚至有些荒凉破败。苍松翠竹遮天蔽日，几座小楼掩映其中，一律青砖灰瓦，没有任何奢华装饰。

　　这座园子里曾经并仍然居住着燕大直至北大最优秀的学者，一批批大师级的人物，可谓"国宝"云集：冰心，吴文藻，雷洁琼，翦伯赞，江泽涵，周培源，马寅初，冯友兰，汤用彤，王力，朱光潜，陈岱孙，侯仁之，李政道……

　　一个个光耀整个中华现代文明史的名字，让这朴素的院落熠熠生辉。因此，提起北大的象征，外人会说是未名湖、博雅塔，而每一个北大人，都会用庄严而淡然的语气告诉你：北大的象征，是燕南园。

——李响

　　燕园内外还分布着教授、职工们的家，组成几个小园子，各为自成一体的小世界，与校园若即若离。西侧校友门对面有建在荒芜废园之上的蔚秀园，未名湖之北有镜春园、朗润园，三者都是从前的王府花园，留有旧时的亭台楼阁，湖泊山水，颇有野趣。还有燕大时期新建的住宅区，校园南部有燕南园，东门外有燕东园（分别称南大地、东大地），各散落着二三十栋别墅（图3.49）。当年燕大提倡教师与家

图3.50 燕南幽径。黄晓摄。

属建立基金，在燕南、燕东两园自建住房，又陆续出资在两园为中外知名教授兴建住宅，在此形成了两处住宅区。

这些住宅区中最为著名的当属燕南园。沿第二体育馆以南的大路旁一条不起眼的狭窄坡道走上去，就会进入一个虎皮墙围合的大院，院墙不高，望得见园外匆匆来往的学生们的身影。这里就是燕南园，园中芳草鲜美，绿树成荫，48亩的小小基址，疏疏落落布置了16座别墅，从51号到66号（后来加建了50号），既有自成一体的西式小楼，又有篱笆环绕的中式小院，这些住宅在当时可算豪华，今天住起来仍颇为舒适。建筑材料大多从国外运来，门窗用的是上好红松，房间里铺设打蜡地板，屋角有典雅的壁炉，地下室还有供暖的锅炉房……此后几十年内，北京城内外都鲜有教师住房可与之媲美。

每栋别墅都有独立的小花园，在学者们的经营下各具特色，争奇斗妍，成为当时的一桩雅事。宗璞《霞落燕园》曾深情地追忆燕南园往日的景象："每栋房屋各有特点。五十六号遍植樱花，春来如雪。周培源先生在此居住多年，我曾戏称之为周家花园。五十四号有大树桃花，从楼上倚窗而望，几乎可以伸手攀折。六十一号的藤萝架依房屋形势搭成斜坡，紫色的花朵逐渐高起，直上楼台。"许多年后，这一传统依然保持着。从燕大到北大，虽然境随时迁，这份情趣却始终如一（图3.50）。1952年，燕大并入北大，一些知名学者移居燕南园。这里先后迎来了4位北大校长，8位副校长，20多位学部委员、院士。自那时起，燕园里就流传着一句话：知名学者不一定住燕南园，但住燕南园的一定是知名学者。

50-53号

　　66号西侧，燕南园东北角的50号是建国后加建的简易平房，曾任北大图书馆馆长的历史学家向达在此居住过。66号隔路以东依次为51号、52号、53号，都是燕大时期的洋楼。51号是燕南园最大的房子（图3.51），也是两层，没有66号那样的券廊，仅仅在门前伸出一个小小的门廊，对于天气寒冷干燥的北方来说，每年没多少日子需要前廊遮风挡雨，通风纳凉，冬日的阳光却十分珍贵，取消前廊的设计事实上是更加实用的选择。

　　曾经居住在51号的齐思和也是燕大毕业生，后留学取得博士学位，曾任燕大历史系主任、文学院长，是学贯中西的史学大家。关于齐思和在燕大的住所说法不一，据其长女齐文颖回忆方知，齐思和最早初搬入燕南园时住56号，抗战时期离京，燕大复校后就搬到了51号，1949年到1952年，齐家在燕南园搬来搬去，最终在冰心曾住过的66号定居下来。齐思和之后，数学家江泽涵曾在51号居住40年之久，他去世后，这里改为北大数学研究所。著名物理学家饶毓泰也曾在此居住，"文革"期间不幸在这座房子里含恨弃世。后来北大曾把51号整修一新，希望迎接饶毓泰的高足之一吴大猷，可惜吴大猷过早病逝，未能在老师的故居和北大再续前缘。

　　52号小楼掩映在一大片竹林中（图3.52），周围用灰砖砌筑了镂空

图3.51 51号。刘珊珊摄。

图3.52 52号。黄晓摄。

图3.53 53号偏安一隅。刘珊珊摄。

的围墙，在小楼西侧又围出了一个小院。东侧的屋顶平台上也加建有小小的阁楼。北侧的入口颇为别致，高耸方正的门头下面开了拱券门洞，门洞颇深，内侧一扇木质小门，两侧悬挂着门灯。南侧的入口有两开间的门廊，方方正正，比北侧更加开敞。以前这里住着梁启超的女儿梁思庄，梁思顺也常来借住，经济学家罗志如和物理化学家黄子卿也曾住过这里。之后的主人语言学家林焘也是燕大毕业生，从20世纪60年代就住进了燕南园，先后住过58号和52号，经历过燕南园的风风雨雨，2006年因病离世。

现在的52号是北京大学视觉与图像研究中心，由艺术史界名士朱青生坐镇。

53号独在燕南园的东北一隅，离各个房子都较远，南面的门廊和52号略为相似，屋顶上跳出三个老虎窗（图3.53）。这里从前是燕大的外籍女教师宿舍，冰心在搬入66号前就曾在此居住。动乱时期，齐思和从66号搬到了53号楼上，楼下的邻居是生物学家沈同。沈同的女儿沈逾在《我们的家——燕南园53号》中回忆往昔的岁月："一条灰色的小径穿过松墙内的大草坪，延伸到横跨小楼的凉台，带我们进入那堆满书籍的宽大客厅，那曾是爸爸的书房及客厅：读书、看报、接待师生，也是我们全家人的活动中心。在严寒的冬日，西墙的壁炉里常常燃烧着娘娘从院子里拾来的干树枝，跳跃的火花映红了孩子们的脸膛，也点燃了对生活的遐想……"现在的53号是北大党委统战部和各民主党派的办公地点。

54号：洪业

从53号再往南的两层洋楼是历史学家洪业在燕大时的住所54号，式样和52号相似，只是券门的入口向西（图3.54）。洪业号煨莲，这个颇具佛教意境的号与他的西名William正合，故也常被人称作洪煨莲。洪业学识渊博，风度不凡，燕大建校之初，全靠其在海外演说筹款，才有了充足的经费建设海淀新校址，燕园建成，他也住进了54号小楼教授历史。洪业给小楼取名"健斋"，又叫"无善本书屋"，以示自己读书不为收藏。新中国成立后，冯友兰暂居54号，此外江隆基、陆平、庄圻泰、严仁赓也在此居住过。

图3.54 54号。刘珊珊摄。

55-56号

从54号再南走是一对对称的中式小院，L形的平面，形态相似而朝向相反。这里是55号和56号。55号从前住着英文系的谢迪克（Harold Shadick）教授，英文版《老残游记》的翻译者。50年代，北大副校长冯定入住55号，直到1983年。不久，经济学家陈岱孙搬来这里，院内有学校为他立的一尊铜像。现在的55号院焕然一新，成为诺贝尔物理奖得主李政道先生的住所（图3.55）。

图3.55 55号。刘珊珊摄。
图3.56 56号。刘珊珊摄。

56号是齐思和最早居住的地方，当时房子前排由主人居住，后排是佣人房，旁边有洗衣房和厨房，中间有一过道，连接着客厅和书房。在70年代是校长周培源的住宅，前面的花园里曾遍植樱花，是宗璞提到过的"周家花园"。周老早年毕业于美国普林斯顿大学，是爱因斯坦的学生。他是中国力学界的泰斗，是世界流体力学"四巨头"之一，两弹一星的元勋多是他的门生。现在的56号是北大美学与美育研究中心（图3.56）。

57-58号：冯友兰 汤用彤

　　燕南园东南隅的57和58号两座中式小院曾是燕大西语系单身女教师的宿舍，后来成为冯友兰、汤用彤两位哲学家的住所。

　　一丛绿竹掩映在57号门前，这是冯友兰居住过的"三松堂"（图3.57）。1952年，冯老从清华园搬到燕南园，先住54号，后迁57号，并终老于此。冯老对这个小院有特殊的感情，他晚年在此将毕生的著作整理为《三松堂全集》。现在宗璞先生独居57号，时有陌生后辈慕名来访。像她说的那样，"庭院中三松依旧，不时有人来凭吊并摄影。读三松堂书的人，都会在心中有一个小小的纪念馆。"

图3.57 三松堂小院。刘珊珊摄。

图3.58 58号内院。刘珊珊摄。

　　汤用彤58号旧居格局与57号完全对称，合起来是一个长方形的完整四合院（图3.58）。灰砖灰瓦的园门，进门右手边有一个月亮门，门内是一个小跨院，里面是卫生间和储藏室，跨院以南是进厨房的门，月亮门再往南，过了跨院有一个通向地下的台阶，是锅炉房，又被叫做"地窖子"，地窖侧面是佣人房和洗衣房。房屋中间是冯汤两家共有的长天井，中间用一堵薄砖墙隔成相等的两个方形，墙上还有一个木制的月亮门，但从来没有开过。天井北面是很大的客厅，南面两间正房和东厢都是卧室。语言学家叶蜚声也曾在这里住过。

59号

图3.59 59号。刘珊珊摄。

59号在57号的西南方，是两进的中式小院，也建于1926年春，建造时曾出土墓志石，上有"北海甸"的铭文，成为洪业推断燕园的位置在北海淀的证据。这里曾是物理学家褚圣麟的住所，如今内院久已无人打扫，成为了野猫们的乐园（图3.59）。

燕南园中野猫众多，褐黄黑白，姿态各异，有的亲昵近人，有的傲慢逍遥，举目皆是，走在道上也怕踩着一只。庭院、墙头是它们的运动场，窗台、柱廊都是它们的安乐窝。猫儿在燕南园过着自在的生活，燕南园的先生们多是爱猫之人，北大的学生们也组织了"流浪的天使"协会，关爱着这些猫儿们的成长和生活（图3.60）。

图3.60 燕南园的猫。刘珊珊摄。

60号：王力

60号在59号以北，原是燕大教授夏仁德的住宅。1957年王力先生迁到这里，在此完成了一生中的大部分著作（图3.61）。

这座小楼也有和冰心住过的66号一样的券廊，不过南洋风格的券廊对北方来说并不实用，走廊西段尽头的一间被封了起来，以求更多的阳光和室内空间。一楼南部是宽敞的客厅，当时古代汉语教学小组常在这里开会。二楼有三个卧室和一个书房。书房不大，仅六、七平米，是王力先生的工作室。任教北大的三十余年，先生课余的工作时间几乎都是在这里度过的。现在的60号是北大工学院的办公室。

图3.61 60号。黄晓摄。

61号：侯仁之

　　59号向西正对的是61号（图3.62）。这是一座西式小楼，北面有个小院，青竹葱翠，其他三面是绿树荫蔽的空地。曾是燕大体育系主任黄国安的住所。现在这里是侯仁之的家。侯老是中国历史地理学创始人之一，20世纪30年代考入燕京大学，在燕园已生活了80多年。1951年侯老搬入61号，至今也已60多年了。

图3.62 61号。刘珊珊摄。

62号：林庚

62号在61号南侧，是燕南园最靠南的一个住宅，呈倒"凹"字形，是一个虎皮墙基，灰砖砌筑的中式房屋（图3.63）。严景耀、雷洁琼夫妇在燕大社会系任教时曾住在这里。后来62号成为诗人林庚的住宅，连门牌也画着两只小鸭子，天真童趣，充满诗意（图3.64）。房屋的西北角有一个民居式的入口，有转折的台阶，通向木质的房门。房门上方有精美的灰砖砖雕，雕刻的是缠枝花草和梅花鹿等传统图案（图3.65）。

图3.64（上）62号门牌。黄晓摄。
图3.65（中）62号门头。黄晓摄。
图3.63（下）62号。黄晓摄。

63号：马寅初

　　63号在燕南园西南角，也是现在燕南园南侧的入口，迎面是一座五开间建筑，前面有宽阔的平台。这组立"凹"字形房屋坐落在台地上，采用中国古典的官式建筑形式，布局手法却是西方的。周边翠竹环绕，虽无院墙围护，倒也十分幽静（图3.66）。

　　63号是燕大美籍音乐教授范天祥自费修建的，是燕南园里最大的一座，时称"范庄"。北大迁来燕园后，校长马寅初被安排在这里。马老在此经历了一段颇为曲折的生活，而这座住宅也从此开始了自己坎坷的命运[15]。往事历历，不堪回首。如今的63号是北大老干部活动中心，常有白发的老人出入。

[15] 1957年，马老因发表《新人口论》而遭到批判，不久辞去校长一职，离开了燕南园。此后，这里一度作为党委书记兼校长陆平办公之用。"文革"期间又成为"文革"头面人物聚会的场所。一时间，63号院门庭若市，众多谋划皆出自于此，在北大乃至全国造成一场又一场的政治"地震"。

图3.66　63号。黄晓摄。

64-65号：芮沐 翦伯赞

从63号再往北走，就到了64号。64号样式十分
简单，中国传统，卷棚屋顶，朝南是一排房间，中间
的四间有红柱的前廊。64号承载着一段悲惨的历史，
"文革"期间，翦伯赞夫妇被人从燕东园28号的住处
赶出来，关进小黑屋，后来"奉命"搬入燕南园64号
居住，仅仅过了不到一个月的时间，夫妻二人一同服
药自尽。如今的64号前面建了北京大学汉画研究所临
时仓库。仓库的造型既低调雅致，又极具现代感，其
中陈列着许多珍贵的汉画像砖和画像石（图3.67）。

图3.67 64号。刘珊珊摄。
图3.68 65号。黄晓摄。

65号在64号以北，再往
北，就又到了燕南园入口处的
66号冰心故居。65号是西式的
小别墅，却只有一层，十分小
巧，朝南的屋顶上开着一扇老
虎窗（图3.68）。燕大文学院
院长、曾任燕大代理校长的梅
贻宝以前住在这里，曾在此住
过的还有北大哲学系主任郑
昕。后来这里是燕南园最长寿
的主人——法学家芮沐的家。
芮沐出生于1908年，1954年刚
搬入燕南园时，曾和侯仁之一
同住在61号小楼，1987年重返
燕南园时才住进65号。

66号：冰心

　　从燕南园西北的坡道入园，有两座从旧时花神庙移来的汉白玉石碑，石碑西侧的66号是冰心、吴文藻故居（图3.69）。冰心是燕大毕业生，留学回国后又在燕大国文系任教，当时的她年仅23岁，比学生们大不了多少。因年轻女教师宿舍已满，她曾被破格安排在燕南园53号居住。三年后，她的未婚夫吴文藻在国外取得博士学位也回燕大教书，两人在临湖轩举行了婚礼，搬入学校专为他们修建的小楼，当时是60号，后来被重编为66号。

　　66号是灰砖砌的两层洋楼，一层是客厅、书房、起居室、餐厅等，卧室在楼上，具有很好的私密性。楼前的通透券廊将园中的风景引进屋内，冰心曾在廊前种了两行德国白玫瑰，花朵很大，花期也长，小楼中总是四溢着玫瑰的香气。家中的客厅曾以燕大的"期刊阅览室"闻名，里面有张雕花红木桌，夫妇二人订了许多报纸和学术刊物，每星期都更新，许多教师和学生都前来一睹为快。

　　1937年北平沦陷，冰心夫妇在战火中飘泊四方，直到1946年才重返故园。园中一切早已面目全非，白玫瑰也不见了踪影。冰心含泪离开，从此再也没有回来。但她对住过近10年的66号充满感情，在文章里屡屡提及。眷念之情，溢于言表。后来美学家朱光潜住过这里，现在是中国画法研究院的办公室。

图3.69 66号冰心故居。黄晓摄。

燕东园

　　燕园东北方还有一个教授的住宅区，叫燕东园，又称"东大地"，旁边是大蒋家胡同。园中绿树成荫，树丛间掩映着近三十幢两层洋房（图3.70）。各家都有庭院，种着玫瑰、丁香、藤萝、玉簪……颇可媲美燕南园。燕大时，外籍学者多住燕南园，中国学者则多住燕东园，唯二的例外是住在燕南园的洪业和冰心。吴雷川、许地山、邓之诚、郭绍虞、陆侃如、冯沅君、顾颉刚……都在这里留下了他们的足迹。

图3.70 燕东园31号。马磊摄。

第四章 燕园小品

　　燕园之秀美，不仅在于湖光塔影、反宇飞檐，其间诸多的亭、桥、碑、石亦颇具韵味，它们伴着时代的更迭走入燕园，又随着岁月流逝见证着这座百年校园的历史与沧桑。

4.1 有亭翼然

魏晋南北朝以降,亭子在园林点景中广泛应用。其意义早已超越原本的使用功能,而精神文化价值更重。亭是中国建筑物中最无实用价值而功能又最多、最奇妙之空间,英国哲人罗素曾赞赏这种"无用"文化最值得欧美学习。[1]燕园中,正是这"无用"的亭,或飘逸秀美或端庄持重,与山水园林相得益彰,恰到好处。

[1] 引自钟华楠《亭的继承》。

图4.2 湖心岛亭。黄晔北摄。

4.1.1　湖心岛亭

　　湖心岛亭隐逸于未名湖湖心岛中央偏东处，距其不远便是未名湖石舫。亭子形制上是一座单檐八角木亭，外设回廊，八根红柱支撑起宝塔状的亭顶，整体上给人以敦厚沉稳之感。施有精美的彩绘，色彩艳丽且题材广泛（图4.2）。

　　说起湖心岛亭的由来就不得不提到鲁斯[2]先生。1919年，作为来华传教士的鲁斯受司徒雷登邀请出任燕大副校长一职，并筹得160万美金的首期建设款，他还建议学校采用中国古典建筑风格并辅以现代化设施。1927年秋，鲁斯从燕大退休，他的诸多校园建设方面的理念并未随之消匿。1929年，为纪念他对学校的卓越贡献，由其长子亨利-鲁滨逊-鲁斯[3]出资、取其中文名"路思义"中"思义"二字作为亭名，于湖心岛处建此八角亭。1998年值北大百年校庆之际，鲁斯基金会捐款重修岛亭，将其重命名为"鲁斯亭"。[4]

　　燕大时代，湖心岛上鲜有树木，亭前是一片开阔的空地，这里是全校社交活动和公共活动的中心，小型集会、戏剧表演甚至选修课都于此进行，是当时燕大的核心地带。北大自1952年迁入后，随着校园的不断南扩，逐渐摒弃了以湖心岛来承载全校公共交流空间的规划设计初衷，对湖心岛的悉心经营使其更加贴近园林的特点，目前岛上树木葱郁，小路蜿蜒曲折，光影斑驳流转，与未名湖的湖光树影连成一片。

[2] 鲁斯（1868-1941），Henry Winters Luce，即是之前篇章中所提到的路思义，路思义是其中文名，毕业于耶鲁大学，是19世纪末、20世纪初服务于中国华北齐鲁大学与燕京大学两校的美国传教士。鲁斯先生作为一名美国来华的传教士，对中国近代教育贡献颇多。

[3] 亨利-鲁滨逊-鲁斯（1898-1967），Henry Robinson Luce，中文名也叫路思义，是鲁斯的长子，出生于中国，后来成为美国历史上著名的出版商人，创办了《时代周刊》、《财富》和《生活》三大杂志，被称为"时代之父"。亨利-鲁滨逊-鲁斯去世之时，将他的大部分资产交给了以他名字命名的基金会。

[4] 岛亭可以说是燕园最有纪念意义的建筑，不同于博雅塔、穆公楼因用而建，尔后取名作纪念，它的建造完全是为了纪念鲁斯先生之于燕大校园建设的突出贡献。

4.1.2　翼然亭（校景亭）

　　"峰有飞来亭岂无，天然据此不南图。"[5]1747年清高宗游园赏景，大有飞来峰气势的亭子让乾隆爷赋下此首《翼然亭》。翼然亭（图4.3）属鸣鹤园旧景。鸣鹤园最盛之时，占地较为狭长，山水与建筑相依，环境清新秀丽，厅堂轩榭多于平地展开，唯独这"飘然而至"的翼然亭落于土丘之上，视觉上处于突出的地位，空间上略脱开建筑而近山水，显得别致而精细。至晚清时园已荒芜，醇亲王奕譞曾作诗描述园中景色凋零、古亭独存的残败景象。[6]现翼然亭被夹于德斋与考古文博院楼之间，隐没在山树中，仍不失当年的自然飘逸、恭谨端庄，只是那种独立感已不存。

　　近代中国动荡的格局让鸣鹤园几经磨难，经过英法联军洗劫、庚子之乱与徐世昌[7]的偷拆，几乎遭受灭顶之灾。翼然亭竟能完整地保存了下来，不得不说是一个奇迹。凡是历史上保存完好的建筑，总是能在恰当之时获得"新生"，翼然亭亦是如此。随着博雅教育的兴起，[8]1928年燕大购入鸣鹤园，多次对该亭加以修葺，并于亭内绘制校景风景十二幅[9]，"校景亭"之名随之而得；1984年北大又对其进行过修整。

　　历尽几百年岁月，唯有这方池、湖石与翼然亭还能觅得一丝鸣鹤园的影迹。作为园林中仅存的建筑，它的过往见证了鸣鹤园的兴废，园中脉络几经变迁，亲王们的往事也已烟消云散，往昔的锦绣光景如今只剩得这一座重檐方亭。仙鹤已去，旧人已矣，前朝故事又留得与谁诉说。

5　"峰有飞来亭岂无，天然距此不南图。藉松为幄阴偏秀，依石成章兴迥殊。茶鼎烟飞云半野，棋枰声杂瀑千珠。寄言纵目搜吟客，莫认琅邪岩畔途。"

6　诗文为："鹤去园存怅逝波，翼然亭畔访烟萝。百年池馆繁华尽，匝径松阴雀噪多。"

7　徐世昌，字卜五，号菊人，直隶天津人。清末进士，辅佐袁世凯发家，后曾出任北洋政府总统。

8　参见唐克扬，《从废园到燕园》，第四章。

9　十二幅校景分别为第一体育馆、校景亭、博雅塔、荷花池、钟亭、校友桥、湖心岛亭、办公楼、物理学院大楼、俄文楼、南北阁、西校门。

图4.3　翼然亭。方拥摄。

图4.4 勺海匾额。葛峰摄。

4.1.3　勺海长亭

勺海长亭位于西侧门处，与勺园留学生公寓楼群皆兴建于1980年代。勺海长亭很低调地融合于周围的环境中，包括北部的勺海亭和南部的缨云亭以及连接它们的廊亭。

勺海长亭北面悬有清末皇弟溥杰题写的"勺海"匾额（图4.4），南面有赵朴初题写的"缨云"匾额。"勺海"、"缨云"均为米万钟勺园建筑物的名称。"勺海"取自园中主体建筑"勺海堂"，"缨云"取自与水面相接宛若"缨络"[10]的半圆拱桥"缨云桥"，消逝于过往的勺园也只有在这些旧景被提到时才能勾起人们的些许回忆。

勺海亭为单檐六角亭，造型在稳重中透着灵巧，屋脊上的三个走兽格外地清晰。每逢盛夏，勺海亭前的水塘荷花遍开，游走于廊亭之中，赏画观花，别有意趣（图4.5）。

10　《中国古代服饰大观》记载："缨络又作'璎珞'，原为古代印度佛像颈间的一种装饰，后随佛教传入我国，唐代时被爱美求新的女性所模仿和改进，变成项饰，加之其形制较大，于项饰中最显华贵。"米万钟取此名用佛典"缨络云色"，应是考虑到桥与水面倒影相合所成的圆环状。

图4.5 勺海长亭。北京大学出版社提供。

4.1.4　钟亭

　　亭之设置应顺乎自然，充分利用水光山色、树木丛林等自然形态，在亭内与亭外营造出不同的视觉与心理空间体验，呈现突出而不突兀的效果，使亭的曲线美与自然美融为一体，达到建筑与自然情意相通、情景交融的境界，钟亭便是对此最好的诠释（图4.6）。

　　钟亭隐翳于未名湖南岸的小山上，地理位置极佳。小山正北侧是未名湖石碑和翻尾石鱼，南侧分别立着乾隆诗碑和蔡元培雕像；三面皆有曲折小径可达山顶，山下有小路环绕，周围苍松翠柏、绿草如茵。春夏时枝叶繁茂，亭子隐没于黄绿色的树林之中，只有正午的阳光方能透过树荫洒落在其周围；秋冬时树叶凋零，钟亭才显现出其纤巧的造型。此亭为六柱圆亭且绘有精美彩画（图4.7）。亭内悬有一口铜钟，其原为颐和园遗物，据传当年北洋水师用之以报时，1900年险被劫走，后置于燕大，1929年建此亭，将铜钟置于其内。亭内的大钟雕刻精美，下部刻有海上日出，上部刻有二龙戏珠，钟体上还刻有八卦图案，用满汉两种文字标明："大清国丙申年捌月制"。铜钟在燕大时期亦作报时用，响彻校园的钟声低沉而又浑厚，总是让人印象深刻。时至今日，同学们还会在元旦时敲响铜钟，迎接新年的到来。

图4.6 钟亭。黄晔北摄。
图4.7 钟亭彩画。黄晔北摄。

4.1.5　装饰与彩画

中国古人倡导"卑宫室"[11]的建筑思想，反对过分的豪奢与浪费很早便成为建筑建造的一种指导思想，因此中国古建筑中较少地存在毫无实用意义的装饰构件，多于实用构件之上添加装饰，即建筑构件的装饰多于装饰性的构件。燕园的建筑几乎皆为中国传统建筑，屋脊上置有仙人走兽且多施彩画，这些都与建筑的形制、使用功能以及装饰都有莫大的关系。

"仙人走兽"是指"仙人"与"走兽"，"仙人"为"仙人骑凤"的简称，寓意腾空飞翔，吉祥如意。"仙人走兽"一般都装饰于形制等级较高的建筑屋脊上。最初是出自使用功能的考虑——避免固定瓦的钉子下滑，并防止钉子生锈，后来慢慢衍化出装饰功能。走兽个数为奇数，数量越多级别越高，九个最高，称为"走九"，此外还有"走七"、"走五"与"走三"。走兽各有名称，紧随"仙人"的为龙，其后依次为凤、狮子、天马、海马、狻猊、押鱼、獬豸、斗牛，这些兽像都有防灾灭火、逢凶化吉之意（图4.8）。

梁上的彩画是中国传统建筑中极为重要的装饰，人们常以"雕梁画栋"、"金碧辉煌"等美丽的辞藻形容古代建筑的华美，这些都证明彩画在建筑上的重要性。最初彩画也是出于功能需要，涂在木材外部以防潮、防蛀，后来才逐渐突出其装饰性。古代彩画不同时期表现出不同的风格，唐代简约，宋代华丽，元代豪放，明代开始规律化，清代进一步程式化，并创造出多种构图模式。作为中国传统文化的一部分，彩画所表达的主题多是当时当地的山川形胜、圣贤功

图4.8 民主楼与外文楼相交处的走兽。黄晔北摄。

德和忠孝义举，用艺术的手段倡导忠贞爱国、孝悌传家、邻里和睦，对于传承文化，起到了潜移默化的作用。清式彩画分为三个等级：一是和玺彩画，等级最高。画面由各种龙凤图案组成，其间补以花卉图案，沥粉贴金，十分壮丽，一般用在重要的宫殿建筑中。二是旋子彩画，等级略低。画面用涡卷旋花，有时也可用龙凤，可以贴金粉，也可以不贴，一般用在次要宫殿或寺庙中。三是苏式彩画，等级低于前两种。画面为山水人物、花鸟鱼虫等，大家常说的"包袱"彩画就是苏式彩画，一般用于园林住宅中。燕园亭上的彩画大多属于包袱彩画（图4.9）。

图4.9 从左到右、从上到下：南北阁旋子彩画、考古文博院旋子彩画、蔚秀园亭包袱彩画、湖心岛亭包袱彩画、翼然亭包袱彩画、建筑中心包袱彩画。黄晔北摄。

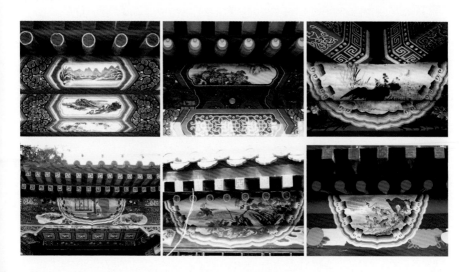

4.2 时光雕刻的石桥

《说文解字》释义："桥，水梁也，从木，乔声。"桥最早是木质的，其功能是架在河两岸供人通行。桥梁发展至今已成为使用功能与艺术审美的结合体，平直朴实的梁桥、轻盈飘逸的索桥、弧线优美的拱桥莫不是如此。燕园之桥皆石造，散布于这一片山形水势之中，在发挥交通作用的同时，以其优雅的形态、多姿的造型装扮着园林。

图4.10 鸣鹤园内福岛小桥。这是一座椭圆券石拱桥，桥身陡峭，栏板做成弧线形，踏步高度随宜增减，别开生面。黄晔北摄。

4.2.1 石拱桥

篓兜桥[12]

[12] 侯仁之，《燕园史话》提到此桥时，写作"篓兜桥"，桥铭牌和北大门牌号上为"篓斗桥"。这里使用前一种说法。

　　篓兜桥现已不存，1926年燕大迁入时，桥栏杆和镌有"篓斗桥"的牌子还在，燕大门牌号就是"篓斗桥一号"，现北大门牌号已更名为"颐和园路5号"（图4.11）。桥故址大约是残留至今的恩佑寺和恩慕寺的两座庙门的位置，水流经桥洞向东流入校内，从校内残留的涵洞还可辨别出当年河道的位置。北大迁入当年，师生曾疏浚过此河道，使丰沛的河水畅通无阻地流入校园，解决了当时校内用水的问题，直到1959年北大在西门内开凿了第一个自流井，水势甚旺足以用于供水，才将此水道填塞。现被堵塞的涵洞处上方放置着两个圆明园遗物——大石槽（图4.12）。

　　焦雄《北京西郊宅园记》中提到，此桥是乾隆为破米家风水所建。皇帝每日从圆明园去畅春园给其母请安，见到御路东的米家坟地，松柏郁郁葱葱，气势不凡。乾隆三年（1738）传旨工部在坟北挖小渠，建"偻佝桥"（俗名"漏斗桥"），意使米向北流至漏斗桥，将米漏掉。事实上此桥明朝就已存在，由于位置特殊，才被人与风水联系在一

图4.11　颐和园路5号。黄晔北摄。

图4.12 大石槽。葛峰摄。

[13] 明朝王嘉谟诗中写道："渊渊溪水中，青蒲叶靡靡。翳然林木间，幽怀果子美。"清朝王士祯《都门竹枝词》中有："西勾桥上月初升，西勾桥下水澄澄。绮石回廊都不见，游人还问米家灯。"

图4.13 吴彬绘篓兜桥。翁万戈旧藏，引自《不朽的林泉》。

起。从米万钟的手绘图来看（图4.13），篓兜桥形制上是一座单拱券石桥，体量较大。篓兜桥毗邻勺园，是这个以水和桥为主要特色园林的重要借景，从园内亦可看到石拱横卧、水流淙淙的景象。明清时这里便是清丽秀美之地，背倚西山，峰峦叠嶂，文人学士常在此流连，吟诗作赋。[13]从他们的诗词中，我们还能想象到当时绿树成荫、溪水潺潺的美景。

校友桥

　　传统桥梁一般都带有一定的社会倾向性和文化性，反映出人们对于桥梁的情感，不仅是使用功能上的，还包含精神层面上的，校友桥更多地属于后者（图4.14）。沿着原燕大由西向东的中轴线、西门、校友桥、贝公楼……依次排列，安佑宫的华表、麒麟以及银杏树皆循着秩序对称而立，校友桥在东西方向上起串联空间的作用，仪式性陡然增强。

　　此桥由燕大校友于1926年捐建，名称因此而得。1932年侯仁之初入燕大时，就对此桥留下深刻印象。他在《燕园史话》中曾深情地写道：

　　"一进西校门，半亩方塘，一个石桥。我来的时候还有水，从底下冒出来，那个时候看见真是心里高兴啊，一进来以后想起朱熹的诗：半亩方塘一鉴开，天光云影共徘徊。问渠那得清如许，为有源头活水来。"

图4.14 校友桥。葛峰摄。

　　校友桥是一座三孔圆券石拱桥，中券券心上有石雕吸水兽，属于典型的北方石桥。栏板为清式作法，望柱断面为正方形，柱头为方形，阴刻如意纹，桥端以抱鼓石收束。桥拱弧线优美，河水清澈透亮，显示出些许北国江南的神韵。桥长15米，宽4米，坡度较为平缓，贵宾来访时，车辆从西门而入经过此桥再进入校园，以示隆重。

湖南岸、东岸的石拱桥

图4.15 南岸拱桥。黄晔北摄。

此桥位于未名湖南岸，有一单孔圆券石拱桥（图4.15）。造型典雅、弧线优美，坡度较为平缓。柱头为此桥最大亮点，为石榴形，下施仰莲，圆润而细腻，高度约为望柱高度的1/4。桥体将未名湖湖面分割成了南北一小一大两个部分。

未名湖东北出水口处，有一尖拱桥，单孔尖券（图4.16）。柱头采用清式祥云图案，尺度较大，几乎占到望柱高度的一半。桥拱弧度极大，为燕园之

图4.16 东岸尖拱桥。葛峰摄。

最，造型优美，与颐和园内西堤玉带桥做法相仿。

校友基金会桥与建筑中心禄岛桥

校友基金会前地形较为开阔，开阔之处有河流环绕，河道较宽，其上架有石拱桥（图4.17）。桥宽约3米，桥身拱起弧度平缓，河道于石拱桥处向南凸出形成汭位之势，有故宫金水桥之意象，大为可观，周遭给人以气韵十足之感，颇具灵气。

图4.17 基金会桥。黄晔北摄。

建筑中心禄岛（图4.18）桥淳朴而自然，呈现出古今结合、简洁实用的特点，西侧柱头一改传统做法，设计成两个现代的玻璃照明灯。北大校园里有很多散落的石构件，此桥便用这些弃件修筑而成。

图4.18 建筑学研究中心禄岛桥。葛峰摄。

图4.21 方外观铜版画。引自
《圆明园流散文物》。

4.2.2 石梁桥

湖心岛桥（方外观西式平桥）

图4.21 方外观铜版画。引自
《圆明园流散文物》。

图4.19 鸣鹤园石构件，圆明园
遗物。黄晔北摄。
图4.20 黄昏时刻的湖心岛桥。
朱成成摄。

　　湖心岛桥是一座西洋式石梁桥，为通向湖心岛的唯一途径，位于湖心岛北侧。桥身雕有精细的西式番草，婉约而秀气；桥身上没有栏杆，桥身下有方形"瘦高的"石墩支撑，间隔出五个桥洞。湖心岛桥的独特之处在于它的桥面，呈由两侧向中心内收的弧形，这种形式在传统的桥梁中比较少见，中间最窄处约3.5米，两端最宽处约7米（图4.19-图4.20）。

　　这个西洋石桥大有来头，原为圆明园西洋楼方外观门前的溪桥（图4.21）。方外观建于乾隆24年（1759年），由意大利人郎世宁设计，将东西方的建筑风格相融合并后加入了些许阿拉伯元素，供乾隆爱妃容妃在园内做礼拜用，是一座总体上较为中式的中西合璧建筑。溪桥的风格与方外观一脉相承，虽掺杂西式番草却中式韵味十足，这种纤巧细腻与燕园的锦绣华美达到了很高的契合度。

"思卿、忆君桥"

桥作为一种供人通行的公共性建筑物，具有一定的社会性，中国桥梁的名称因此便或多或少地体现出一些人们的情感色彩，"思卿、忆君桥"便为如此。此二桥于2006年北大征名活动中得名，极具浪漫色彩，西边小巧的女性桥为"忆君桥"，东边宽大的男性桥为"思卿桥"；加之此二桥邻近革命烈士纪念碑，其名也同时寄托了一种哀思。

"忆君桥"位于校史馆前（图4.22），隐没于曲径、古树之间。桥身体量较小，宽仅1米，长3米，为圆形单跨石拱桥，坡度很缓，拱心处有石雕吸水兽（图4.23），相对桥的小巧，吸水兽显得格外巨大，

图4.22 忆君桥。黄晔北摄。
图4.23 思卿桥及吻兽。黄晔北摄。

且雕艺精湛，可能是明清遗物。不同于"忆君桥"，"思卿桥"则为一座石梁桥。两桥栏杆均为混凝土所制，应为后代所修，工艺可圈可点。由于两座桥相临，加之河道较窄，致使功能上有些重叠，相对于处在交通要道上的"忆君桥"，"思卿桥"则鲜有人经过。

"鹊桥"

鹊桥位于未名湖西端,紧邻"未名湖"碑(图4.24)。桥长3米、宽2米,不甚起眼,却是沟通南北的要道。此桥为单跨梁式结构,只有栏板,没有望柱,桥身较短。栏板上阴刻线脚,桥端采用传统的抱鼓石收束。燕大时期,静园六院(女生宿舍)位于湖南岸,红四楼(男生宿舍)位于湖北岸,连接南北的桥只此一座,相传当时的情侣常在此处依依惜别,"鹊桥"便由此得名。

图4.24 鹊桥。葛峰摄。

桥梁的设置总是伴随着水势,海淀自古便是多水之地,环境优雅,有北国江南之神韵。早年燕大于此建校,便用此山水,造就了这最美丽的校园,内部多设桥梁,甚至有人归纳出"燕园二十四桥"[14]一说,足见北大桥梁之丰富。但我们不得不看到一个残酷的事实,由于近些年环境恶化,地下水位骤降,这里早已不是当年的海淀,学校西北角的自流井已停止喷水,校内水面多依靠校外引水,很多桥早已面临桥下无水的尴尬境地。

[14] "二十四桥"之说引自网络,是指:校友桥、板桥、南鹤桥、北鹤桥、剑桥、鹊桥、文博桥、校景桥、铁门桥、涵养桥、朗西桥、转弯桥、朗润桥、经济桥、欧美教育桥(即校友基金会桥)、糊涂桥、回头桥、奈何桥、二分桥(即湖南岸拱桥)、英烈桥(即思卿桥)、校史桥(即忆君桥)、如来桥、康桥、小平桥。

4.3 墓碑与雕塑

在北大校园里，隐藏着大大小小、古今中外很多陵墓和纪念碑。在这些不为人注意的角落里，每一个陵墓都记录着一个灵魂，每一个纪念碑都诉说着一段不能忘却的往事。每当溯其渊源时，就仿佛触摸到了百年北大灵魂的最深处。

4.3.1 墓碑

燕园的师生，对散落于静园北部的石兽、掩映在竹荫里的墓碑并不陌生。墓碑至今保存完好，碑首蟠龙雄壮威武，碑座赑屃端重大方（图4.25）。墓的主人是杭爱[15]，附近的石羊石兽，也很有可能即是杭爱墓前遗物。杭爱墓碑原先位于现在六院与俄文楼之间的土丘上，燕大兴建新校址时将其移到现在的位置。

在未名湖西南岸的钟亭小山北坡下，有一组三具足五供（图4.26）。此物的起源与佛教有关，早在宋辽年间，佛殿佛像前便设有香水、杂花、烧香、饮食、燃灯五种供物，后来简

[15] 杭爱是清初将领，康熙二十二年（1683）卒，时为四川巡抚、都察院右副都御史加五级，谥勤襄。他姓章佳，满洲镶白旗人。康熙二十年(1681)，杭爱在四川巡抚任上，疏通了淤塞多年的宝瓶口，打通了宝瓶口和各大干渠水道，取得了清代堰工彻底整治的首战大捷。

图4.25 杭爱墓碑。葛峰摄。

图4.26 三具足五供。葛峰摄。
图4.27 革命烈士纪念碑。葛峰摄。

化成香炉、花瓶和烛台"三具足",而"三具足五供"是指,一香炉、二花瓶、二烛台。三具足五供用于陵墓做供养祭器开始于明代永乐帝长陵,之后成为定制。寓意皇陵香火时代旺盛,鲜花常开,神火不灭。湖西南岸的三具足五供,论体量以及雕刻精美程度,甚至超过了明清帝陵的五供,北京西郊明清园林陵墓众多,且明代的陵墓多已荒芜,这组三具足五供很可能为明代遗物,但具体已不可考。

同在静园,与杭爱墓比邻而居的是革命烈士纪念碑(图4.27)。纪念碑建成于1993年5月4日(北京大学97周年校庆纪念日),用以纪念北大师生中从五四运动到新民主主义革命直至抗美援朝为革命和进步事业英勇牺牲的先烈们。从中可以找到闻一多、张太雷等熟悉的名字。在那一排排烫金而冰冷的名字中,我们还能感受到理想主义的豪情和历史洪流的残酷。青松掩映下抽象的"心"字形墓碑,线条刚直奔放、轮廓波动起伏,给人强烈的视觉冲击,仿佛英雄的灵魂依然在跳跃,激励着今日的北大人为追求理想而勇往直前。

校园里的另一处革命烈士纪念碑位于校史馆东侧,一个幽静肃穆的地方。南北两座尖顶的四方柱形纪念碑,纪念四位在1926年"三·一八"事件中的年轻学子。北面的一座纪念三位北大学生,1929年立于北河沿,1982年迁到此处;南面一座纪念燕大二年级女学生魏士毅,立于1927年。这两个不大的纪念碑和短短的几行铭文,却足以向后来人传递那满腔热血背后

图4.28 三一八烈士纪念碑。左侧碑纪念张仲超、黄克仁、李家珍三人，铭曰："死者烈士之身，不死者烈士之神。愤八国之通牒兮，竟杀身以成仁。惟烈士之碧血兮，共北大而长新。踏着三一八血迹兮，雪国耻以敌强邻。后死之责任兮，誓尝胆以卧薪。北大教授黄右昌撰。"南碑铭曰："国有巨蠹政不纲，城狐社鼠争跳梁，公门喋血歼我良，牺牲小己终取偿。北斗无酒南箕扬，民心向背关兴亡。愿后死者勿相忘。"李敏摄。

的情感与理念（图4.28）。

这段历史去之不远的西南联大时代，也是近代高校史上一个重要节点。西南联大的出现，维系了一个民族的命脉和希望，也提醒了一段去国离乡的民族耻辱。西南联大纪念碑就在校史馆西边不远的树林中。这个看似朴实无华的纪念碑，却出自若干名人之手：冯友兰撰文，闻一多、唐兰篆刻，罗庸、刘晋年书丹，被称为"三绝碑"（图4.29）。这个碑的原件于1946年立于西南联大旧址（今云南师范大学），1989年"五四"校庆日，复制该碑，立于校内（图4.30）。

图4.29 （左）云南师范大学的西南联大纪念碑。引自网络。

图4.30 （右）北大校内西南联大纪念碑复制件。葛峰摄。

图4.31 葛利普教授墓。葛利普教授于1920年开始任北大地质系教授和农商部地质调查所古生物室主任，是中国地质学会创立者之一。李敏摄。

图4.32 赖朴吾教授墓。赖朴吾原是英国人，曾是燕京大学数学系教授。1949年后他回英国任剑桥大学数学系主任，1984年来华讲学，在北京病逝。遗愿"把骨灰撒在未名湖边的一个小小花坛里"，于是就有了这个隐秘的墓地。李敏摄。

图4.33 埃德加·斯诺墓。李敏摄。

距此几步之遥，安放着葛利普（Grabau）墓（图4.31）。他去世后，本来葬在沙滩北大地质馆内，1982年迁到现在这个地方。此外，校园里还有另外一些墓和纪念碑。位于临湖轩东北角的赖朴吾(Lapwood)教授墓（图4.32），简朴自然，只是将其英文名和生卒年，简单地刻在山石之上。墓旁的山石上，刻着另外一个名字Sailor，即燕大心理系教授夏仁德（1898-1981），美国人。二三十年代，他在青年学生中传播《共产党宣言》，并支援进步学生和解放区的工作，贡献颇多。

从临湖轩沿湖东行，不远就是赫赫有名的埃德加·斯诺（Edgar Snow）墓（图4.33）。斯诺1928年来到中国。九一八事变后，他亲赴前线采访，进行中日战争方面的报道。轰动世界舆论的《西行漫记》，就是通过亲自采访所得的第一手资料，对中国情况的如实报道。他为中国人民的解放事业做出巨大的贡献，使中国人民永远记住了这位国际友人。1972年，依斯诺遗嘱，他的一部分骨灰葬在这里，另一部分撒进纽约的哈德逊河，表示他一半属于中国，一半属于美国。他的墓地，背靠小山，前临未名湖，这样一个风景秀丽的长眠之所，让所有的后来人追思瞻仰，是中国人民对他永远的纪念。

4.3.2　雕塑

蔡元培、李大钊像

　　老校长蔡元培的雕像，静静地矗立在在未名湖西南方向的林间，这个五条小路交汇、终年绿荫掩映的地方（图4.34）。蔡元培1916年出任北大校长，为期十年，进行教育改革，提出"思想自由、兼容并包"的办学思想，使北京大学和中国教育事业的发展发生了巨大转折，奠定了现代教育事业的基础。

　　距离蔡元培像不远的静园俄文楼前，是革命先驱李大钊的塑像（图4.35）。李大钊同志是中国最早的马克思主义者和共产主义者，是中国共产党的主要创始人之一。他1918年出任北大图书馆主任，1920年3月，发起组织马克思主义学说研究会，10月，在北大图书馆李大钊的办公室成立了北京的中国共产党早期组织。他不仅是共产党早期的领导人，也是一名知识渊博、勇于开拓的学者。

图4.34　（左）蔡元培雕像。北京大学出版社提供。

图4.35　（右）李大钊雕像。北京大学出版社提供。

智圣像、老子像

　　赛克勒考古博物馆周遭仍沿用"鸣鹤园"之名，其中山水林木及建筑也颇具意蕴，于博物馆西侧有一方形广场，面积不大，我国西汉时期的传奇人物智圣东方朔的塑像便矗立在这里（图4.36）。

　　另一位古贤哲的塑像要更为人所知，这就是谦谦拱立于治贝子府门口的汉白玉老子像（图4.37）。老子的塑像，须发飘飘，仙风道骨，将一份穿越千年的大智慧与超然静静地传递给我们。

　　如今在他身后不远处，身形庞大的奥运乒乓球馆已经拔地而起，周围太平洋大厦、教学楼等高楼环绕，但是这尊雕像，连同那团天地之气，依然淡定而立，不为所动。

图4.36（左）智圣像。葛峰摄。
图4.37（右）老子像。葛峰摄。

塞万提斯像

校史馆南侧的树林中，西班牙文学家塞万提斯像[16]跨越重洋，来到燕园（图4.38）。这座雕塑是两个城市友谊的象征，1986年北京与马德里结为姊妹城市，为表达友好之意，马德里市政当局特意复制了该市区西班牙广场的塞万提斯像赠予北京。北京市政府决定将它安放在北大校园内，并在西南方向植一棵银杏树，命名为"智慧之树"（图4.39）。雕像上的塞万提斯腰挎宝剑、右手执书，目光炯炯地注视前方，风度翩翩而有潇洒淡定，像极了富有冒险精神的文学骑士。有人说，塞万提斯笔下坚守理想、勇往直前、锲而不舍的文学人物堂吉诃德，与百年北大精神有某种契合之处，个中褒贬，只能由观者评鉴了。

[16] 1616年4月23日，塞万提斯去世，甚至没有留下墓碑。直到1835年西班牙政府才在马德里的西班牙广场为他建立了纪念碑。

图4.38 （左）塞万提斯像。李敏摄。

图4.39 （右）智慧之树。葛峰摄。

图书馆群像

图书馆南门大厅内，有青年毛泽东的雕像（图4.40）。年轻的面庞上，理想与忧虑在刚毅的眉宇间回旋，一个民族的前途和命运将系于这个青年的身上。那时他是图书馆的管理员，一个让他梦想起飞的岗位。

走进图书馆东门，迎面可见严复老校长的塑像（图4.41）。辛亥革命后，京师大学堂更名为北京大学，严复受袁世凯的任命担任北大校长之职。他翻译了《天演论》《原富》《群学肆言》等西洋学术名著，是近代中国思想启蒙的领袖，力倡教育救国。

冯友兰塑像位于图书馆二层；俄国化学家、物理学家和诗人、莫斯科大学的创办者罗蒙诺索夫像位于三层；古巴民族英雄、思想家何塞·马蒂像位于四层（图4.42）。

图4.40 （上）青年毛泽东像。李敏摄。
图4.41 （中）严复像。李敏摄。
图4.42 （下）何塞-马蒂像。李敏摄。

4.4 清代旧物的前生今世

　　从湖光塔影下的翻尾石鱼，到办公楼前肃穆精美的华表、再到未名湖边残缺不全的石舫，它们原本是皇家园林中优雅而不可或缺的装饰，或是亲王大臣府邸内的挚爱构件，时光荏苒、岁月如梭，近代中国的动荡让他们异道而行，却最终又在燕园这片热土上殊途同归。

日晷

　　明清时，西方传教士来华带来许多西方制日晷[17]，使中国传统的制晷技术发生了极大变化，计时更加准确，日晷从而被普遍使用开来，成为北京宅院中较为常见的小品，雕饰精致并常陈列于建筑之前。

　　赛克勒考古博物馆前的日晷高度约为2.5米，由方形基座、碑身、晷盘和晷针组成。由于楼房遮挡，现在这块日晷已失去计时作用，它更多地成为一种历史与传承的象征，倒是很好地顺应了博物馆的形象与周遭环境（图4.43）。

　　其他的小品一般皆属燕园旧物，唯此日晷乃不择不扣的老北大物件。彼

[17] 日晷的独特优越性：不需维护、不上发条、不怕冷热、不怕风雨侵蚀，因此17,18世纪西方钟表工业的发展并没有影响日晷手工业的发展，其先进的制作方法等随传教士来到中国。

图4.43 日晷。葛峰摄。

图4.44 老北大二院荷花池。引自《北京大学图史》。

时李四光主持修建老北大理学院，将其置于理学院之前广场中央圆形石台上（图4.44）。碑身四面皆有篆字雕刻，南北东西四面的碑文分别为："仰以观于天文"，"俯以察于地理"；"近取诸身"，"远取诸物"。李四光引此二句不仅指出我国先民对于"物"与"理"的态度，更重要地是鞭策青年学生不要死读书，要将思考、学习与实践结合起来，做到"知""行"合一。这块精雕汉白玉的日晷于1980年代后期被移放到燕园现塞万提斯像东侧草坪内，1992年赛克勒博物馆建成后被移至博物馆与外文楼之间的两路交叉处。伴随着日晷位置的变迁，地质系也已走过百年，成绩斐然，当年李老先生的良苦用心和一丝不苟的治学精神让我们受用至今。

石舫

石舫位于未名湖中湖心岛的东岸，现在是北大著名景观，每日有许多游人在此留影作念（图4.45）。

乾隆常年于圆明园处理政务，便将离圆明园最近的十笏园赐予宠臣和珅。和珅于此大兴土木，改变其中山水规制，将园中稻田水池改造为湖，堆土起山。湖中心堆叠了一个寄托他"蓬岛瑶台"幻想的小岛，同时也仿造了一个如颐和园"清晏舫"般的石舫，只是体积略小。因是仿制，石舫的船身部分与"清晏舫"一样皆为木构，在1860年被英法联军损毁，现仅存底座。

在《停滞的帝国——两个世界的撞击》书中有一张这个石舫原貌图（图4.46），当时马戛尔尼使团被安排在与淑春园一墙之隔的弘雅园，随行画家亚历山大绘制了此幅石舫的写生画。

2009年初，由于年岁已久，石舫砌块间隙变大，冬季缝隙处的水结冰膨胀进而导致石舫开裂，校方对其进行了一次较为彻底的修补，此举引起了全社会的关注，未名湖石舫的影响力可见一斑。

图4.45 石舫现状图。葛峰摄。
图4.46 石舫原状图。引自《停滞的帝国——两个世界的撞击》。

翻尾石鱼

圆明园长春园西洋楼谐奇趣楼（图4.47）之南有大型海棠式喷水池。其中有诸多铜羊、鹿、鹅、鸭等喷水机关，水喷之时，最高可达十余米的水柱交相呼应，蔚为壮观。翻尾石鱼便是池内的装饰构件，并无喷水之用，由黄褐色的细石精雕细琢而成，鱼头和翻腾的鱼尾显露于波光潋滟的水面之上，栩栩如生。

圆明园先后遭英法联军和八国联军焚烧抢掠，举世闻名的皇家园林沦为废墟，清室所藏文物几乎被洗劫一空。翻尾石鱼也被辗转变卖，后朗润园主载涛将其买下置于朗润园内多年。燕京大学1930年毕业生将其买下赠与母校以作纪念，翻尾石鱼最终落户未名湖畔。"文革"中石鱼被推入湖底，1981年从湖底发现时，鱼口和鱼尾处破坏比较严重，校方做了修补并将其搁置于现在的位置（图4.48）。

图4.47 谐奇趣铜版画。引自《圆明园流散文物》。

图4.48 石鱼与塔影。北京大学出版社提供。

石屏风

　　相传为乾隆御笔石屏风，但具体已不可考（图4.49）。目前它位于未名湖北岸的土丘上，在树木掩映下与湖光塔影相映成趣，旧时的园林已经老去，这块还在描述着前朝旧景的石屏风与湖心岛的不系舟隔水相对，意境非凡。

　　关于石屏风来源的说法有二。一说其是圆明园四十景之一"夹镜鸣琴"遗物，以两幅对联的方式安置于图中所绘亭桥的两侧。"夹镜鸣琴"词意取自两个典故：其一是，李白诗句"两水夹明镜"，其二是，伯牙学鼓琴，移伯牙情者是成连先生，移乾隆情者，是"夹镜鸣琴"之景。第二种说法是十笏园遗物，四扇石屏起先从附近的乱岗杂草中挖掘出来，随后被安放于未名湖北岸，洪业曾推测这与和珅所造石舫上的旧建筑有关。

图4.49 乾隆石屏风。屏风为四扇，上刻四句诗文："画舫平临蘋岸阔""飞楼俯暎柳阴多""夹镜光澂风四面""垂虹影界水中央"。北京大学出版社提供。

"半月台"诗刻碑

图4.50 "半月台"诗刻碑。引自《圆明园流散文物》。

18 钱钟书，《谈艺录》，三联书店，2001。

图4.51 "海岳开襟"复原图。引自《圆明园流散文物》。

诗刻碑原为圆明园长春园"海岳开襟"之旧物，其上亦为乾隆御书，现存校园西北角鸣鹤园内，仅存断残碑体（图4.50）。碑上字迹尚清晰，碑文曰："台形规半月，白玉以为栏。即是广寒界，雅宜秋夕看。会当银魂满，不碍碧虚宽。太白镜湖句，常思欲和难。丙戌新秋御题。"乾隆诗文产量虽巨，但文学造诣并不高，甚至有人认为其诗歌的史学价值重于文学价值，钱钟书也曾评价道："文理通而不似诗"[21]。确实，乾隆的诗歌虽输文采，甚至过于直白，却能够较为准确地将当时情景还原。从这幅"海岳开襟"复原图中可以看到，这段诗文不正是原景中"半月台形、太白镜湖"（图4.51）的再现吗？

诗碑的经历不可谓不惨烈，英法联军火烧圆明园时，由于"海岳开襟"位于长春园西湖内，没有受到大的破坏。可庚子之乱时在劫难逃，"海岳开襟"在八国联军的暴行下只剩瓦砾，诗碑也遭损坏并被遗弃。后来诗碑辗转进入燕园，"文革"时再遭重创，被遗弃在"牛棚"附近的杂草丛中，碑身上的刀痕就是那个年代留下的罪证。百年来，它经历了多次浩劫，如今，它静默地安于燕园一角。诗碑无语，历史有声。

梅石碑

　　梅石碑掩藏于临湖轩西侧的树荫中，属圆明园长春园茜园旧物，浅浅的线刻已不易辨识（图4.52），可是当阳光透过浓密的树荫斜打在碑面上时，一幅诗画双绝的古梅傍石图就浮现出来。梅枝虬劲，梅花嫣然，细腻的雕刻连花蕊也清晰生动，仿佛可以嗅到浮动的暗香，其上的诗为乾隆御笔题咏。

　　梅石碑可以说是燕园来历最为复杂的物件，这还得追溯到南宋年间。宋高宗赵构德寿宫内生有古苔梅一株，花开之时花香弥漫，花旁还有一奇石，名为"芙蓉石"，花石相映，成为一绝。至明时花已不存，明人孙枝在石碑上刻一株梅花置于"芙蓉石"旁，得以"重现"梅石之景。后来画家蓝瑛又刻"芙蓉石"于碑上，遂成梅石碑。清初乾隆南巡之时，第一次看到断残的碑体与"芙蓉石"，甚是喜爱，久久不能忘怀，几经周折[19]，最终于乾隆三十二年（1767年）摹刻梅石碑一块安放在圆明园畅春园内，即是我们今日所见石碑。

　　石碑于1920年代进入燕园，最先被放置于南北阁西侧，1993年移至此地，并加一石雕庑殿顶用以保护石碑，不过从造型搭配来看不得不说是一败笔。

[19] 芙蓉石于乾隆十七年被运送至圆明园，高宗取名"青莲朵"，后成为茜园八景之一。第一次南寻时，乾隆以为梅石碑上的梅石皆为蓝瑛所刻；第四次南巡时，发现梅石之梅出自孙枝之手，梅石之碑为二人合作。高宗便令人复制此块石碑并作诗以纪其事，诗文刻于碑上："春仲携来梅石碑，摛经冬孟始成之。不宁十一水就，惟以万几余暇为。孙枝梅堪作石友，蓝瑛石亦肖梅姿。为怜漫漶临新本，笑有人看漫漶时。"乾隆三十二年，高宗念及此事，便又重新摹制一块梅石碑放置于茜园内。

图4.52 梅石碑。北京大学出版社提供。

乾隆御制诗碑

　　钟亭所在小山的南坡下，南北阁北侧，有乾隆御制诗碑一座（图4.53）。碑体长约两米，高约一米，整块诗碑保存相对完好，碑座云龙浮雕精美华丽，碑身两面各题诗一首，字体各异，颇有可观。

　　这即是原圆明园山高水长楼西北部的 "种松"与"土墙"诗碑。属四十景之一的"山高水长"（图4.54）。乾隆年轻时去畅春园[20]母亲处请安常路过此地，老年不免触景生情、感时伤怀，乾隆五十二年（1787年）恰逢清明时节便做作诗两首。"种松"诗曰："清明时节宜种树，拱把稚松培植看。欲速成非关插柳，挹清芬亦异滋兰。育才自合求贞干，絜矩因之思任官。待百十年讵云远，童童应备后人观。"[21]

　　诗碑自1920年代燕京大学建校之时被移入校园内，保存至今。

[20] 畅春园从雍正时起成为皇太后的居所，一直是比较重要的帝王宫苑，直至嘉庆年间。

[21] 附"土墙"诗："苑西五尺墙，筑土卅年矣。昔习虎神枪，每尝临莅此。木兰毙于菟，不一盖已屡。土墙久弗试，数典忍忘尔。得新毋弃旧，可以通诸理。"

图4.53 乾隆御制石碑。葛峰摄。

图4.54 "山高水长"复原图。引自《圆明园流散文物》。

花神庙碑

　　从燕南园的北部顺势而上便会看到两块赑屃碑座、气势不凡的石碑，便是花神庙碑，汉白玉打造而成，形制与样式和杭爱墓碑颇为相似（图4.55）。石碑为当时圆明园总管所立，先后立碑于乾隆十年(1745)与十二年(1747)，其上文字为乾隆节日游园的记录。时过境迁，风雨侵蚀，碑文的字大多已不能辨识，只有碑首遒劲的盘龙石刻和"万古流芳"四个大字还彰显着它当年的丰姿（图4.56）。

　　关于石碑的来历一直存在争议，一般认为此二块石碑属于慈济寺（花神庙）。据侯仁之考证，慈济寺当年大体上处于今天临湖轩到博雅塔之间的位置。后来寺庙失于大火，只剩下两块石碑以及未名湖南岸的山门。燕大早年大兴土木之时，将它们移到了燕南园北门的位置。由于石碑是由圆明园总管所立，所以另一种说法认为其是圆明园的莳花记事碑，不过这种说法有些牵强，圆明园之物基本都有记录在册，如此精美体量巨大的石碑理应有据可考。可石碑的出处并未有明确的记录，便成了一桩悬案。

图4.55 花神庙碑。葛峰摄。

图4.56 碑首"万古流芳"四字。葛峰摄。

安佑宫遗物

供奉先帝圣容，古已有之，而真正形成体系则是在清朝。雍正时创立了供奉圣容制度，他将圣祖画像供于寿皇殿内以参拜；后因雍正多驻跸圆明园，往返麻烦，便于雍正三年（1725）在畅春园东墙内建成恩佑寺以供奉先帝圣容，至今北大西门外仍可看到遗留的寺庙山门。乾隆即位以后，沿袭其制并加以完善，形成规范。乾隆在圆明园西北角仿太庙之制历时三年建成安佑宫，供奉高祖圣容于中龛、世宗圣容于东一室。安佑宫坐北朝南，建有华表、牌坊、石桥、更衣殿、宫门、碑亭、配殿等一系列建筑，正殿面阔九间，重檐庑殿，为圆明园中形制最高者。安佑宫亦称"鸿慈永祜"（图4.57），属圆明园四十景，于1860年被英军烧毁。

图4.57 安佑宫。引自《圆明园四十景图咏》。

办公楼前的石麒麟即为其遗物，雕刻完成于雍正年间，"守护"在圆明园大宫门前，乾隆六年被移放至还在修建中的安佑宫前直到清末，在随后的那个军阀、地主、小偷强抢明夺圆明园遗物的年代里屡次险遭变卖，朗润园主载涛及时出手买下存放于朗润园中，多年后才被放到现在的位置（图4.58）。

安佑宫的丹墀现存有两块，一块位于办公楼门前，另一块保存于颐和园东门处。这两块丹墀上皆刻有双龙戏珠，雕刻大气有帝王之势，因此又被称为"龙云石"。丹墀是宫殿前的红色台阶或地面，放置于办公楼前平添了几分庄重（图4.59）。

两对石麒麟正对的草坪上矗立着一对高大挺拔的华表，与西侧的两颗银杏树相映成辉。有趣的是南侧的华表略微高于北侧，其中还有一段渊源：安佑宫琉璃坊之前原先有两对华表，1925年燕大兴建校舍，牧师翟伯派人至圆明园取其三根运送回燕园，剩余一根被运往城内。时国立北平图书馆落成，得四根华表中最后一根，遂函商燕大将所存三柱移赠其一，不料搬运时过于匆忙，致使如今北大与北图前华表皆不成对。

图4.58 安佑宫石麒麟。葛峰摄。

图4.59 办公楼前的丹墀。葛峰摄。

第五章　现代建筑

　　1952年，北京大学迁入燕园的同时，这里的建筑步入了现代时期。随着本土建筑师逐渐壮大，丘壑湖沼与朱栏粉墙相映成趣的院落也终成为那群醉心于中国文化的西方建筑师们的旷世遗作。现代建筑无法像园林故迹一样溯着游者对往昔的感怀纷呈出百年来的盛世与中落，但唯有它们由面前的时代创造，并更深入地融合到新北大的成长。现代建筑只能谦逊地审视自身，使现代人在王朝与民国成为往昔时，参悟该如何在它们的故土上继续生活。

5.1　初入燕园

　　50年代初，新中国开始了大规模建设。在苏联教育模式的影响及实现工业化的压力下，1952年全国高校院系大调整的序幕拉开。调整中，北大的工科并入清华，清华与燕大的文理科则一并归于北大。壬辰仲夏，原位于沙滩红楼的北京大学迁入燕大校园，称为"新北大"。10月4日，新北大第一次开学典礼在东操场举行。

　　当时燕大在校生才一千多，校舍总面积不过10万㎡，浸染于几乎沦为洪荒的圆明园的山林之气，又有自己青翠的山水，野林之中出没着兔狐獾鼬，十分幽静。为了承载合并后庞大的教学体系，迁校的准备工作从1952年1月开始，1月8日成立了以清华梁思成、北大张龙翔[1]为首的"清华、北大、燕京三校调整建筑计划委员会"（简称"三校建委会"），全部设计人员和施工的工程技术人员皆出自北清二校。为了按时开学，44046㎡的校舍当年设计并在年内竣工完成。

　　新建部分主要位于南部与东部开阔的基地上，扩张的方向打开了新的校门——东门与南门。南区占据着新增校区的核心地位，主要是砖木结构的楼群，以通向南门的碎石路（现在的五四路）为轴线，主体部分完成于迁入后的四年间——1至37斋宿舍楼修建完毕，化学楼、生物楼等院系楼和一教二教等公共教室楼先后落成（图5.2）。

　　到1959年底，校园总面积达145万㎡，校舍占97

[1] 张龙翔（1916-1984），生物化学家，1937年毕业于清华大学化学系，1942年获加拿大多伦多大学哲学博士学位，1946年起任北京大学化学系、生物学系教授、博士生导师，1981年至1984年任北京大学校长。

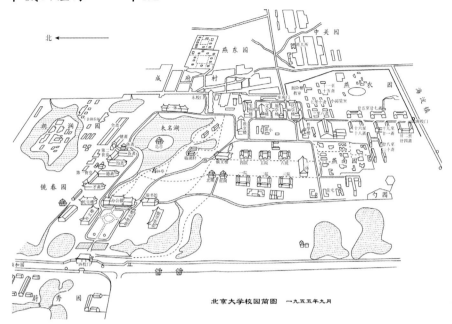

北

成府村

燕东园

未名湖

朗润园

镜春园

中关园

燕南园

北京大学校园简图 一九五五年九月

图5.2 1955年北京大学校园简图。引自《筒子楼的故事》。

万多m²，东部直到蓝旗营为理科教学区，中部新建楼群是文科外语科教学区，北部原燕大建筑划为科研单位与校部机关，西部作为外国留学生和专家生活区。南临海淀路是学生和一些青年教师的生活区，教工的居住区主要分布于周边的蔚秀园、承泽园、畅春园、中关园、燕东园、燕北园，不同于旧燕园生活、文娱和教学办公区域的浑然交融，新建面积功能分区明确，为日后发展铺展开了最初的结构。

表1 迁入初期基建项目

年份	竣工项目
1952	外文楼，物理楼，化学楼，民主楼，俄文楼，文史楼，1-15斋学生宿舍
1953	22斋、25斋宿舍，哲学楼，化学楼，第一教学楼
1954	大饭厅（学三食堂），生物楼和生物西馆，23、24、26、27斋宿舍
1955	第二教学楼，28-31斋学生宿舍
1956	32、34-37、40斋宿舍，科学院19、23、25、26楼等
1957	清华园4-7公寓
1958	北招待所，燕春园餐厅
1959	五四体育场，物理大楼，学五食堂
1960	38、39、41-44斋学生宿舍

5.1.1 书院门庭

梁思成的学生、建筑师陶宗震负责了1952年与1956年两次教室楼建筑群的规划设计与施工，包含六栋教室楼及两个大阶梯教室，共两万余㎡。新中国成立初期主张"勤俭建国"，原则是适用、坚固、经济，北大的扩建对材料和造价限制很严格，风格上既要与原燕大的环境协调，又能表达"社会主义内容、民族形式"。陶宗震认识到"不可能按照'则例'、'法式'或墨菲的原燕京大学的仿古建筑进行设计"，转而参照1951年在福建厦门所见之新建民间二、三层砖木结构建筑和陈嘉庚新建的厦门大学新教学中心采用的"中西合璧"的设计方式[2]，每平米造价仅80元[3]。

1953年，哲学楼、化学楼、地学楼、文史楼、老生物楼（图5.3）和第一教学楼等工程陆续完成，组成了校园北部传统复兴风格的教学区，与原先燕园的西门内办公区体量相当。作为百年大计，教学楼盖得都很讲究。一教和哲学楼采用了形制尊贵的庑殿顶，其余四座教学楼是较庄重的歇山顶，与燕大精巧的仿

[2] 当时所谓"中西合璧"式是在西方现代建筑结构楼身上覆以中式的大屋顶，在西方建筑师早期的在华实践中就有所体现，即传统复兴潮流的滥觞，这种作法已在墨菲的建筑实践中得到扬弃，但是出于对建造成本、文化等方面的考虑，长久以来仍具有很强的生命力。

[3] 陶宗震在1952年底一次为一五计划做准备而召开的建筑方针讨论会上提到了这次建筑实践，扩建"比长安街上新建的纺织、煤炭、外贸三个部每个部的面积都大，而造价却低于这些建筑50%以上"，以表明建筑三原则"坚固、适用、美观"与勤俭建国的方针并不矛盾。陶宗震，毛泽东时代"勤俭建国"方针的启示，中华读书报，2004年9月22日。

图5.3 50年代初北京大学主要教学楼。引自《北京大学中文系百年图史》。

古建筑相比，屋檐下的斗拱装饰简化了很多，清水砖墙的楼身上只有入口处绵展的檐饰透露出一些中式风格。墙裙之上，柱网在墙面上凸显出薄壁柱，之间是突出框架形象的大玻璃窗，而不是燕大建筑那样仿古的花窗隔扇，但墙裙—壁柱—屋顶的三段式构图也多少显现出传统建筑的立面形象。

哲学楼和第一教学楼，于松柏的浓荫中遥遥相对，三层的主体建筑之外，还各有一幢两层的配楼，之间用走廊相连，据说如此设计是为了保护那里的古槐树。当时的哲学楼与一教之间是北大附小——1952年更名前它作为燕大附小数十年驻据于此，又终于1959年迁去燕东园，小学迁走后这里曾作为毛主席塑像广场（图5.4）。

这些悉心建起的教学楼几十年间偶有修缮，至今没有太大改变。很多学术研究中心也设于此处[4]。这组已历经半个多世纪的楼群，当年曾是各个院系乃至整个北大生活的核心，现在却不再胜任校园不断增长的功能要求，俨然已退守于身畔相伴多年的树木中，主要用作行政或教务办公；只在老校友的回忆中，还蛰藏着这些楼在"文革"时大字报铺天盖地与批斗会热火朝天的过往，但更多的是兴会淋漓的课堂，或者哲学楼101里学生自发组织欣赏音乐的周末。

图5.4 70年代的毛主席塑像广场。引自网络。

5.1.2 生活院落

从南门进入，燕园给人的印象就是五四路国槐绿荫之中古朴的中式楼群，这些是1954年建成的16至27斋宿舍，在那个筒子楼已构成生活中一个生动部分的年代，它们也被随和地称作"燕园长屋"（图5.5）。青砖的三层楼面，覆着硬山顶，屋檐直接落在墙体上，檐面省去了斗拱，额枋不施彩绘，唯山面上部尚有线脚，楼体的细节也有随意的变动略为装饰，例如门窗有的做成拱券，有的附加翼角起翘的檐饰。东面的25、26、27三座楼南北走向，两头各有短短的侧翼，屋顶十字相交，主楼顶戴瓦饰的山墙冲出侧翼的屋顶，流露出传统屋架的动人之处，侧翼的端部也有开门，以免建筑形象和空间失于单调。西面的16至24斋则是三个一组，以侧廊连接，围成三个面东的三合院，与东边三座楼隔路相应，通透的侧廊和东部镂空纹案的砖墙打破了合院的封闭，院内院外的树荫交融，草地几欲漫过侧廊连成一片（图5.6）。

图5.5　燕园长屋的细部装饰。引自网络。

图5.6 19-21楼三合院。曹曼青摄。

4 北京大学井冈山兵团是"文革"时校内影响最大的群众组织之一,与聂元梓对立,后来成立的新北大公社是另一大群众组织,后者对于加入的成员不限出身。

5 两派间大规模武斗也导致28楼周边的17、19、20、29、30、32、34-37、40楼损失最大,不仅建筑本身受到破坏,一幢楼若被"占领"即意味着学生的日记全部曝光。

五四路楼群的西侧是28、29、30、31斋楼群,1955年竣工,围绕着现在以"民主与科学"雕像为中心的一片矩形场地,这些楼是苏联风格,比16至27斋更加朴素,只是四层平顶的清水砖混结构,以砌筑的凹凸表现出水平和垂直的分隔,但也没有突出檐口和基座的三段式划分。出色的地方在于28斋与31斋门前各植了两行银杏树(图5.7),从此有了初夏弥漫的绿荫和秋风后的满树金黄,院落里还点缀着毛白杨、白皮松和桧柏,素色的楼房凸显出庄重。1956年拆除民居又隔路建起了32至40斋楼群。(图5.8)

延续北大清华的传统,宿舍楼建成时都称作"斋",直到"文革"时破四旧改称为"楼",最初本科生住在燕农园1至15斋(已拆除),25至27斋和之后盖的楼也基本是学生宿舍。28斋是"文革"时北大一大群众组织"井冈山兵团"的据点,北大公社[4]的指挥部在44楼——南墙每幢楼间都挖了地道用于革命行动,可以说在"文革"运动中,这一带是相当重要的舞台[5]。

16至24斋,以及临近的30斋大多用作青年教师宿舍，楼道里搭上各家的小灶，是典型的筒子楼。若不是那个淡泊以明志的北大，岂能想象这些外表毫不张扬的楼内有乾坤，见证了多少蜚声当今学界的大师年少时轻狂的岁月，以及简单的婚礼。

图5.7　28-31楼群间的银杏树。曹曼青摄。

图5.8　32-40楼群间的林荫道。曹曼青摄。

　　早在部分教师与学生杂居于南门的筒子楼时起，学校就意识到教师房源紧张的问题，着手收购学校周边土地新建住宅，当时条件最好的教师住房是南校区燕南园和东校区的燕东园，无奈大多数年轻教师自预备成家时起，就开始不厌其烦地光顾一体旁住房登记办公室的几间平房，好为未来的家庭争取更适宜的空间，可即使得以离开南门的宿舍，也只是搬去校园北部园子中略开敞的筒子楼（如未名湖北岸的全斋）或旧四合院，不足百平米的住宅还常常是几家合住。在周围的园子里加建公寓楼是事出无奈，但是对原先的园林生态造成很大的压力，使这些园子的改建成为长久的遗憾。朗润园原本的房舍都是四合院，临水而居，60年代初在外围盖了一圈公寓；勺园曾用作苗圃，野趣盎然，80年代初开始建成国内外宾客的接待区；蔚秀园曾是水畔乌瓦粉墙的一派水乡风貌，畅春园则是十里稻香，荷叶田田，70年代与80年代先后遭遇了填水盖楼，大约只有恩佑寺与恩慕寺的两座山门还清守着故园的遗迹。

5.1.3 感今惟昔

经过1952年的院系调整，北大的教师队伍打破了各校长期阻隔、南北不通的格局，置身于众多思潮中，北大人可以取精用弘，不名一家。燕园的容颜逐年改变，在校园的锐气与间或的莽撞间沉浮。燕大时期的建筑出于其历史与文化价值得到维护，但乔迁后新建的楼群就没有这么幸运，50年代的很多建筑没有保存到今天，虽然其中一些曾经酵酿着校园中最活跃的力量，现在只同那些活力一道变成不真切的往事。

1958年"大跃进"开始，师生奔赴校外的十三陵水库、门头沟煤矿等地半工半读，文科生集体写书（主要是地方史和调查报告）与理科院系办小工厂垒小高炉也在校内掀起高潮。由于倡导"又红又专"，师生在劳动锻炼中用红砖重铺南门进校的碎石路，称作"红专路"，现在也被水泥路取代了，以往分隔南北校区的围墙与天桥随之被拆除，南北校园连通。

建得讲究一些的宿舍楼也只有19至32楼以及35楼被保存至今，但前辈们的思绪更加流连于1至15斋——1952年建成于农田之上的15幢学生宿舍，这一

图5.9 燕农园的13斋学生宿舍，现已拆除。引自网络。

片地区就叫做燕农园（图5.9）。当时主要的财力用于教学楼，时间也紧，宿舍的标准极简易。设计时规划的使用寿命仅为10年左右，可它们为北大服务了近半个世纪，直到三教四教与电教取代它们的位置。1至15斋是很普通的二层小楼[6]，但今天看来着实让人惊叹：楼的正中是楼梯和公共卫生间，两边各有一个大通间，每个通间里又有两道隔墙分成三格，每格四张双层床，四个书桌，两个书架，还有每人一个小板凳。因为隔墙并不砌到底，三个格子共用一个走廊一个房门，24个学生住在一个大通间里，交流讨论气氛之活跃热烈就可想而知了。晚上下了自习，大通间开始了它最热闹的时候，打牌下棋拉琴唱戏无所不有；每天早上和下午5到6点是全校统一锻炼时间，东操场（学生称之为"棉花地体育场"）和各宿舍楼前的空地上散开两千来人，身手矫健潇洒，蔚为壮观（图5.10）。经历了那个年代的老北大们翻开回忆时，大通间的生活总是流露出最鲜明的光彩。

　　北大这种激进的性格在"文革"时虽失于狂热，其广阔的影响力却一如既往。这时，北大被视作"庙小神灵大，水浅王八多"的是非地，受到中央重视，是全国红卫兵朝拜的圣地，也接纳了大量工农兵大学生（图5.11）。校园里到处红旗招展，人潮涌动。朗润园的北招待所作为"专家公寓"而建，是

6　其中可住192人的五幢，可住96人的十幢，共容纳1920名学生。

图5.10　在宿舍楼前做广播体操的同学。引自网络。

图5.11　文革时期工农兵大学生上课情景。引自网络。

7　"梁效"是"文革"后期"批林批孔"运动中出现的大批判写作班子，成员达30多人，绝大多数抽调自北大清华两校，"梁效"即"两校"谐音，是发表文章的笔名，其活动始于1973年底1974年初。

"梁效"大批判组[7]的办公地点，所谓"小报抄大报，大报抄梁效"，"梁效"的文章是当时的风向标。北招待所不失为"革命运动"的漩涡核心，一个高举思想旗帜的高地，现在已经拆除，原址上建起科维理天文与天体物理研究中心。

"文革"对校园景观难免有所破坏，由于花花草草被视为培养修正主义的温床，学校各处的花草灌木都遭受池鱼之殃——很多曾伴随着古老的园子诞生，奈何无以在此终老。五四运动场也被开挖成菜地，但还不及静园遭受的劫掠，这里原先有很多古树，缠绕着葛藤如盘虬卧龙，还有太湖石与石碑、石象生，都是珍贵的古物，一条石子小路蜿蜒通幽，是师生钟爱的休憩之所，却被整个夷为平地，种上果树。现在的静园是北大最大的一片草坪，所幸当年太湖石等物被归拢于静园的东北角没有佚失，帮助恢复了园林的景观，不过相较于果树林，也有人更欣赏后者的幽深。

1993年3月，存在了40年北大南墙被拆除，海淀路上建成了2万多㎡的商业街，由此南墙也被推至象征了景观与文化的高度。原先的南墙是和现在西墙一样的虎皮墙，用大块毛石砌成，石上花纹自然成势，斑斓壮观。商业街推倒南墙被看做高校与商业结缘的标志，但商业街给校园带来了便利与活力，一帮好友在饭馆里小酌着谈古论今至深夜才尽兴而归是常有的事；风入松书店则是另一个雅集之所，以出售眼光独到的学术书籍闻名，正和北大的氛围相得益彰。但也许是感于商业的渗透，2001年，北大又开工重建了南墙[8]。南墙的起伏之间，图书馆新馆开工，占据了图书馆旧馆前的大草坪，那里曾是校园歌手的天下，他们也曾出于对浪漫与率性的执念发起过"保卫草坪运动"，最后也不了了之了。

16楼以北原来是著名的大膳厅，即学三食堂，1952年动工，1954年落成，和清华同时建起的西大饭厅规模配置相当。大饭厅一色青灰，东墙上漆着大字的校训，可以容纳2000多人站着吃饭，晚上便用作礼堂，可以跳舞、看电影和演出，最开始配给学生的凳子便可用于上大礼堂时自带，1973年终于添设了2000个座位，就是1997年百年校庆前夕大膳厅被拆除时学生们印象中那些吱呀作响的桌椅。

当年的大饭厅是人气最旺的食堂，更是公共生活与信息集散的核心场所，1966年5月张贴了"文革"时的第一张大字报——聂元梓等人写的《宋硕、陆平、彭佩云在"文化大革命"中究竟干些什么？》，1989年又上演了现代中国的第一次行为艺术——一群大学生在寒冬腊月中裸身纠缠着白布条与脚镣在这里游走。而既有1至15斋的大通间文化，学生去看电影和演出带上脸盆和饭勺就不足为奇了，礼堂的气氛翻腾风格豪放。1997年大饭厅原址上建起了百周年纪念讲堂，这里仍然是校园里最前沿与国际性的文化中心之一，但学校不再有任何地方曾复苏大饭厅那种文化与热情的交织。

与大饭厅文化交相辉映的是旁边的三角地（图5.12），位于学生上下学的必经之路，区区十几平米之地每天都承载铺天盖地的大小字报与师生无休止的争论、质疑、拥护，主题五花八门——学术文娱甚

8 《南都周刊》：北大南墙13年，2006年3月。

图5.12　三角地。北京大学出版社提供。

至商业竞争，最引人注目的当属政治议题，饭后到三角地对大字报指点议论一番，是北大人每天必做的功课。2007年11月，教育部的教学评估决定拆除三角地，虽只是出于校容考虑，仍激起反对声哗然，足见三角地在北大人心目中如同精神家园的重要地位，虽然这里早在90年代伊始就失去了80年代全盛时期的锋芒。

　　50年代北京大学的扩建充满了传统复兴的意味，新建筑与墨菲的手笔一脉相承，但朴素了很多，也许是意识到放大的粉墙红柱、飞檐斗拱只能属于过往年月的富贵，于是以清水砖墙和简化的檐部表达了自己的谦逊。撇开这些细部，扩建更吸引我们的是对传统格局的再现，例如对院落的执念，至少在生活区，院落永远被看作营造和睦氛围的首选方式。再如新的轴线与朝向——面西30年的校园终于回头，眺望东方，原来处于燕园背后的博雅塔也被推到前面，成为入口空间的引导。东南属巽，一直是传统建筑的入口所在，一座点缀风景的古塔终于成了举足轻重的巽塔，有意无意之中回应了古老的文化。

5.2 校园近年规划与建设

　　80年代，北大扩建工程被列入七五建设计划，是国家重点建设项目，批准扩建校舍29万 m²。新的规划遵循既有的功能分区（图5.13），现代风格是其最醒目的标志。80年代末理科一二三号楼建成是近年扩建的开端，与2003年竣工的金光生命科学大楼组成理科教学楼群，纵贯校园东部；重建的第二教学楼（2007）与随后修缮开放的三教四教于理教楼群南侧围合出教学楼庭院；再往南仍是五四体育场。社会科学院系除了校内已建成的光华管理学院大楼（1997）与国际关系学院大楼（2004）外，新的楼群集中于校园的东北部（东门外成府村旧址）。教学楼外，其他的公共建筑也是现代风格建筑群的重要组成部分：图书馆新馆、百周年纪念讲堂、农园食堂、奥运乒乓球馆（现邱德拔体育馆），分布于校园内各处。

　　现代建筑风行之余，也有很多新建筑皈依于古典风格，或是在昔日园林的旧址上修复、重建而成，尤其集中于校园北部的朗润镜春鸣鹤三园，如国家发展研究院（中国经济研究中心）所在的致福轩，考古文博学院新馆，建筑学研究中心的镜春园79号甲，以及依然在建的更大规模的人文学苑楼群和数学中心楼群，任时光流转，沉浸于古典园林楼阁氛围之中的燕园仍然对传统风格有着难舍之情。

　　保留传统风格的同时，扩建却不可避免地导致一些真正传统风物的丧失。80年代初校园占地约150公

图5.13　北大校园的用地功能分区。引自2006年版《初入燕园》。

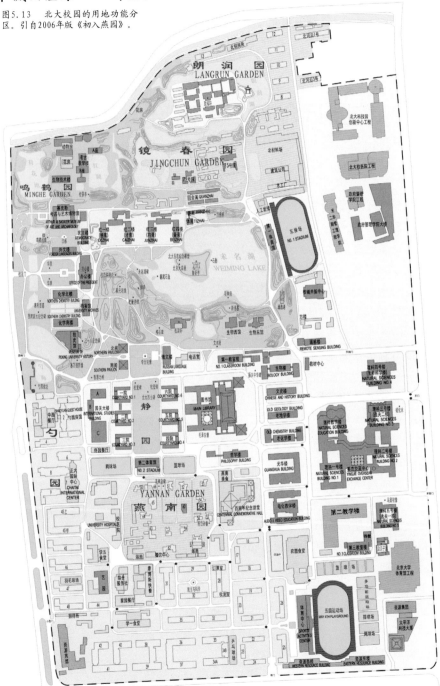

顷，只好征用校本部与物理楼化学楼之间的耕地果园共55亩土地，才得以建成现在的东门理教楼群。2000年后与进一步扩建相伴随的是东门外成府村的拆迁，这里本是一个明清时代的胡同群，蔡元培、顾颉刚等人曾在此居住，自燕大时期就是师生们光顾的热点地段，具有浓厚的文化学术氛围，80年代建起的万圣书园[9]与雕刻时光咖啡馆，至今仍是深受欢迎的文化休闲场所（已迁往别处）。2001至2002年，这片汇集皇城民间风情与精英文化传统的小区

几乎沦为废墟（图5.14、图5.15），废墟之上建起了新的院系大楼和北大科技园，仅有蒋家胡同的3、5、7号院（50年代以前的编号是2、3、4号）迁至一处共同保存，书铺胡同的9号院移至校内的禄岛重建，还有零零星星的建筑构件在校园北部的园林整治中派上了用场[10]。

　　传统风格时代的远去激起了隐约的惶惑，但对新建筑的留恋和对传统风格的皈依同样真实。谁不曾在赶论文时驻守图书馆，不曾对着一座难求的自习室兴叹；年复一年，毕业典礼在邱德拔体育馆举行，百年讲堂的志愿者怀念讲堂，奥运场馆的志愿者怀念场馆，即使爱翘课的人也突然发现了院楼的可亲之处。

图5.14 蒋家胡同中被拆除的古宅。引自网络。

图5.15 安家花园东宅院，因是蔡元培的故居而被整修保护。引自网络。

[9] 北京万圣书园创办于1993年10月，是民营学术书店与学人办书店的先驱，1994年从西北三环中国人民大学附近迁入成府村，一度被誉为学子们的精神家园。

[10] 引自中国记忆论坛-成府村拆迁记录。

5.2.1 传统延续

朗润园之亭台连缀

　　1995年至1997年，北大专门对朗润园主体文物建筑进行了修缮，随后2006年又一次扩建和改造，朗润园的建筑得以全面利用，亦居亦游，亭台与连廊踞于重阜与曲水之上。季羡林先生为此题写"朗润园"三字于石碑，立于主岛土丘之上；侯仁之先生与考古系张辛教授合撰《重修朗润园记》，书丹于石碑立于致福轩前。

　　重建之后，国家发展研究院（中国经济研究中心）占据了朗润园的主体建筑致福轩。致福轩建筑群自成一体，是典型的皇家四合院风格。在修缮中，除轴线上的致福轩外，大部分建筑都是依照清代王公府邸的风格重新设计建造的(图5.16)。

　　新建筑采用了钢筋混凝土结构，外表却是一派清代王府风情。整个经济中心由六个院落构成，形

图5.16　致福轩建筑群。中国经济研究中心提供。

成了以致福轩为主体的南北轴线和以万众楼为主体的东西轴线。从幽深的大门（图5.17）进去，穿过一座门厅，就到了致福轩（图5.18-5.19）。这是一座坐北朝南的五开间卷棚建筑，南面有三开间卷棚歇山小抱厦，构成这一轴线的高潮。

致福轩北接出一进院落，既是南北轴线的北端，也是东西轴线的西端。东西轴线上一共三进院落，最东一进就是主体建筑万众苑，是在2000年朗润园第一期修复工作告竣后增建的。万众楼高二层，两翼飞廊相接，屋顶卷棚歇山，矗立在经济中心最东端（图5.20），不仅是整个经济中心最宏伟的建筑，也是朗润园的景观核心。不过卷棚终归是等级较低的屋顶类型，没有正脊，使得建筑外观小巧轻盈，最适合园林别墅，从致福轩到万众楼，整个经济中心的屋顶均采用卷棚顶，使建筑群在等级上十分谦逊，空间性格也舒缓柔和了许多。

中心六个院落间以回廊（图5.21）相连，廊中什锦花窗个个不同，有石榴、扇面、书卷、圆形、海棠、套方、曼陀罗等诸多图形，加之竹影摇曳，花香浮动，春有玉兰馥郁，夏有海棠似火，秋有石榴累累，冬有松竹傲雪，处处流动着富贵幽雅的王府气派。与致福轩仅一条小巷之隔，原是位于清代朗润园中路的几进院落，在朗润园的改

图5.17 致福轩入口的敞亮大门，其等级超过清代一般王府。方拥摄。

图5.18 老轴线上的主体建筑致福轩。李敏摄。

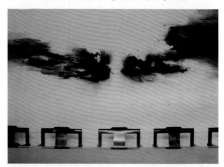

图5.19 致福轩内壁画，朱青生绘。李敏摄。

图5.20 万众楼。李敏摄。

图5.21 致福轩回廊。李敏摄。

图5.23 科维理天文与天体物理研究所。曹曼青摄。

造中被落架大修，2001年中国古代史研究中心迁入这里，小院里青瓦朱栏围着几方草地数株乔木，清净朴素（图5.22）。

北京大学科维理天文与天体物理研究所在北京大学与科维理基金会共同支持下，于2008年成立，其办公地点位于朗润园最北部，由一幢明式建筑改建而成。作为朗润园建筑群的收束，这幢楼体量宏大，主体建筑是两座歇山顶的楼房，分别以檐面和山面面街，中间用两层的副楼相连，由于副楼突出了走廊与檐柱的通透，建筑的主入口还悬着卷棚顶，可见是有意模仿传统建筑的楼阁、游廊与垂花门（图5.23）。

图5.22 中国古代史研究中心内景。黄晓摄。

鸣鹤园之楼阁高起

考古文博学院新馆位于校园西北部鸣鹤园红湖之北，北京建工建筑设计研究院设计，2005年建成。建筑群体量宏大，由三座建筑环红湖[11]而成。主体建筑之一是湖水北岸的一座七开间歇山建筑（图5.24），另外两座位于池水西岸，是以垂花门相连的A、B两座楼（图5.25）。南部的A楼采用了轻盈的悬山屋顶，露出了通透分明的五花山墙；B楼则是庄重的歇山屋顶，外檐彩绘采用墨线大点金旋子彩画，青瓦粉墙，又嵌有精致的花窗隔扇，和着天光云影倒影在水中，气宇不凡。

赛克勒考古与艺术博物馆位于外文楼和民主楼之间，对称于化学南楼，由"赛克勒艺术、科技和人文基金会"[12]资助，1992年建成，是一个完全模仿燕大建筑风格的合院，由主楼、东西侧厅和后殿组成，建筑面积4000余平方米（图5.26）。院中摆放一座日晷，是北大沙滩时期的旧物。这座博物馆是中国高校中第一所也是最大的一所考古类博物馆，达到了世界

[11] 红湖原是游泳池，为了改建以混凝土完全封住池底，虽然水面景观经过细心营造，但现在红湖枯水时间越来越长，表明了这种隔离自然生态的做法仍有待斟酌。

[12] 这个基金会的发起人赛克勒博士是美国杰出的医药研究者、出版家和艺术收藏家，除了收藏中国的艺术品，二战时还曾集资为飞虎队捐赠战机，改革开放之初访华捐赠了自己收藏的乾隆宝座。该基金会还资助过美国国家博物馆、哈佛赛克勒博物馆、皇家艺术学院等文化机构。

图5.24 考古新楼主体建筑。黄晓摄。

图5.25 连接A、B两座楼的垂花门。李敏摄。

水平，馆内藏品2万余种，包括旧石器时代的石器、商代的甲骨文，西周古墓遗址出土的铜器、玉器、陶瓷、钱币封泥。

赛克勒考古与艺术博物馆的初衷在于保护堆在仓库里的文物，同时是一个教学博物馆，能够提供现代的陈列技术、气候控制、保护设备、储蓄安全以及工作者培训等有关现代博物馆学的综合信息，以留住有价值的历史遗产，并将这些文化传承下去。

图5.26 赛克勒考古与艺术博物馆。曹曼青摄。

镜春园之水竹院落

镜春园的新建也是校园北部园林环境综合整理与保护的一部分，除了对原来的75、76号院与79号甲院进行修复，成府村拆迁的建筑构件也在此得到安置。

北大建筑学研究中心位于镜春园79号甲，比邻的79号是清代鸣鹤园的"中所"，原是嘉庆第四女庄静公主的私宅，清幽雅致，陈岱孙先生曾在此居住。中心的建筑由两部分组成，镜春园79号甲院及其西小岛禄岛上的三合院。

从2000年成立至今，师生们发挥专业特长，将一个破败的庭院修葺得别致宜人。入口维持了原来的青砖朱门，翠竹掩映粉墙，捕风捉影，门后的一方庭院虽小，但有玉兰、石榴衬着青砖朱槛（图5.27），一架紫藤相传为胡适手植。室内的布局简洁明快，走廊左右分列着学生的工作室和教师的办公室，室内装修是师生自己设计施工，并收集了布劳伊尔、伊姆斯、库卡波罗等家具名家的作品（图5.28）。

79号甲西北有一座无名小岛，考证后定名禄岛。以前岛上有屋，屋前有桥，可惜2000年时已是屋倒桥塌。中心师生从成府村迁来了书铺胡同9号院（图5.29），经过几年悉心经营，禄岛已是窗明几净，风

图5.27 （左）建筑学研究中心小院。方拥摄。
图5.28 （右）建筑学研究中心室内布置。唐勇摄。

图5.29 禄岛小院。方拥摄。

光宜人（图5.30、5.31）。利用旧有材料是营造禄岛建筑的一大特色，而保护和利用没有列入文物级别的建筑遗产一直是遗产保护领域的一大难题。中心师生成府村拆除的四合院构件，进行局部重建，重现了原有建筑的风貌；连接禄岛的小桥则试图显示桥在中国文化中分界此岸与彼岸的意义，恰延续了周围固有园林的天然古拙与小岛的离俗，是集园林景观的营造实践和建筑遗产的保护利用为一体的学术探索。

建筑中心及其周围的景观营造采取了尊重自然生态系统的态度，岸边的树木被精心保留，塘底淤泥做适当清理，而不是铺制硬地，重做驳岸。旧有的生态景观完好延存于小院的周围，窗外可见飞檐彩画与袭人的绿意，仰观有乔木参天，环顾有藤蔓扶疏，荷风

图5.30 禄岛小院的青砖墙。
李敏摄。

四面，花木间还有鸳鸯戏水，野鸭信步，刺猬与蛇类出没。留存自然并任由其呈现出生机，是建筑中心引以为傲的成就。

镜春园75、76号院，是文学史家王瑶先生的故居，现在是北京大学校友会与教育基金会所在地。此外镜春园西北部还有一处新建的仿古小院，属于社会工作研究中心（图5.32）。

人文学苑楼群与国际数学研究中心是镜春园中在建的两组大规模传统复兴式院落，已和原先小巧的院落风格迥异。二者的建筑面积分别达21000和11123㎡，主体建筑为双层，几重院落，廊道相接，钢混屋架结合细致的仿木结构外形，大屋顶下露出华丽的斗拱和飞檐椽（图5.33）。

图5.31 禄岛荷塘边信步的野鸭。方拥摄。

图5.32 中国社会工作研究中心。曹曼青摄。

图5.33 人文学苑效果图。北京大学基建工程部提供。

5.2.2 现代风格

现代风格首先在零散分布于校园各处的文化公共建筑中崭露头角：图书馆、百年讲堂、农园食堂，其后社会科学院系有财力新建自己的院楼时倾向于采用这种风格，也许是便于突出社会科学的当代视野，在近期东门外的大规模建设中现代风格占据了支配地位。

图书馆

北大图书馆的历史源远流长，最早可以追溯到1902年设立的京师大学堂藏书楼，即地安门内马神庙的和嘉公主府梳妆楼。1918年，北大图书馆迁入沙滩红楼一层，并设两处分馆；1935年，新馆落成，当时即是国内一流的图书馆；1952年，北大迁入燕园，燕大图书馆（今档案馆）成为北大图书馆；1975年，校园师生参与劳动新建图书馆，总面积近2.5万m²，可容纳藏书360万册，成为当时国内建筑面积最大、条件最好的图书馆，这就是我们今天所称的图书馆老馆或图书馆西馆。1998年，新馆（东楼）落成，成为校内又一标志性建筑；2005年，旧馆改造完成，与新馆一起，成为今天的北京大学图书馆。

1998年落成的新馆与2005年的旧馆改造工程，均由中国工程院院士、清华大学关肇邺教授担任总建筑师。关肇邺早年就读于燕京大学，他设计的新馆及旧馆改造方案，体现了对燕园气质与氛围的理解，也深深融入了对燕园的一份赤子情怀（图5.34）。

图5.35 图书馆室外小品,与旧有建筑和远处的博雅塔协调一致。邓岩摄。

图5.36 图书馆内部装修。李敏摄。

新馆由一个歇山顶的六层主体建筑和南北两个四角攒尖顶的配殿(图5.35)组成,并有丰富的地下空间可资藏书、存储之用,总体色调为灰色,配上大面积的玻璃窗,既有现代建筑的轻盈感,又不失古代建筑的典雅美,传统的大屋顶形式与富有古典风味的窗棂、灯具等细部组合(图5.36),呼应着燕园原有建筑的风格。关肇邺先生回忆推敲的过程说:"中国建筑的精髓是框架结构,所以我做图书馆的时候,力求把中国的精神做出来,方法就是把框架露出来。中国建筑还有一个特点,就是采用横分隔,而非纵分隔。所以图书馆每层楼做了一点出檐,做一个示意,让它尽可能强调横向的感觉。"但与很多现代建筑的屋顶设计一样,图书馆的设计也面临这样一个问题:建筑本身比古代建筑在尺度上扩大了许多倍,传统样式的屋顶如何与此协调?繁复的檐下结构又该如何取舍简化?新馆的设计采用了按比例放大的处理方式,使整个建筑看起来比较协调,檐下斗拱的位置则采用了唐代以前流行的简洁的人字拱并加以抽象处理,以取得古朴简洁的效果,屋脊对应采用了唐式的鸱尾(脊端的尾状饰物向内弯,而非清式的鸱吻的向外弯,图5.37)。主入口处还有银色的钢质唐式月梁和人字形斗拱。虽然这样硕大的屋顶并不为所有人欣赏，某些细部的放大或简化处理也引起争议，但总体效果依然成功，获得教育部优秀设计一等奖等建筑奖项与殊荣。

2005年旧馆改造工程完成，对原有建筑结构进行加固和利用，内部空间焕然一新：二、三层的自习室敞向贯通的阳光大厅，多种多媒体视听设备，以及适用的休憩空间和辅助设施，为信息时代的图书馆建设提供了一个良好的载体。

有趣的是，在图书馆的南北面，分别有几个装饰用的拱券，似乎与同是关先生设计的清华图书馆新馆的母题有点关联（图5.38）。

图5.37 图书馆屋顶的鸱尾。图中a为辽代天津蓟县独乐寺山门鸱尾，代表了唐宋式样，与图书馆屋顶鸱尾b相仿，c为河北遵化清东陵建筑鸱吻，代表明清式样，是北大多数中式建筑采用的式样（d为燕南园马寅初故居的屋顶）

图5.38 图书馆侧面的拱券装饰。曹曼青摄。

百周年纪念讲堂

　　百周年纪念讲堂是为庆祝1998年北京大学百年校庆，在大膳厅原址上建起的，占地面积5600平方米，建筑面积12672平方米。地下1层，地上主体3层，观众厅高约6层，建筑最高处为34.8米。内部设有2167个座位的观众厅与配套的舞台、化妆间、排练厅，另外还有四季庭院（图5.39）、多功能厅、会议室、展览厅（图5.40）等。这个建筑以其富有文化内涵的设计获得了当年的国家优秀工程设计银奖。

　　坐落于三角地这一鼎鼎有名的信息集散中心北侧，百年讲堂的设计概念中充分融入了"三角"的母题：正对三角地的室外讲堂（图5.41）及其三棱柱的讲台、开阔的三角形步行广场（图5.42）、总体的近三角形平面、甚至巨大的坡屋顶也是由一个个三角面构成。大讲堂是将一块方形的地块作东北-西南一线分割，线西北为讲堂，东南为广场。讲堂正面朝向东南，设计者表示是为了遥望东南方向的北大旧址——沙滩红楼，以此表达对北大精神的传承与纪念。事实上，这样面朝东南的设计，确实为讲堂提供了一个阳

图5.39 （左）讲堂内的四季庭院。李敏摄。

图5.40 （右）二楼展厅。李敏摄。

图5.42 百年讲堂正对三角地的室外讲堂。曹曼青摄。

图5.43 百年讲堂前的三角形广场。李敏摄。

光灿烂的广场和讲堂一层温暖明亮的大厅，广场边缘的两列花坛也实现了设计者最初的构想：在绿化之余为师生提供一个可坐可倚的游憩场所。

讲堂造型端庄稳重，浅米色石材贴面，在蓝天下显得格外明净，正面的柱廊是欧洲古典建筑的元素，造成光影交错的效果（图5.43）。虽然从主体到细部依然有很多中国传统的设计元素，但与图书馆新馆相比，对这些元素的利用更加抽象简洁，因此更富现代感。

这里曾接待过世界各国的元首、学者、表演艺术家，也曾多次举办毕业典礼、文艺演出和艺术展览，讲堂前的广场历来是社团文化节和国际文化节的展台。百年讲堂以其对文化的汇集与发扬，吸引力岂止于燕园之内，是整个校园的文化艺术中心。

奥运乒乓球馆

乒乓球馆位于北大校园东南角，用地17100㎡，建筑面积26900㎡。本着"绿色奥运、科技奥运、人文奥运"三大理念，坚持节俭办奥运的方针，场馆不仅要符合比赛要求，还要能在赛后用作综合体育馆，成为学校的体育教学和活动基地（图5.44）。

乒乓球馆的主入口设在北面，通过东北部开阔的广场与中关村大街相通，以便赛时独立管理；并基于基地形态将游泳馆与附属部分布置在主馆西侧，尽可能减少占地面积，避免与西北侧的治贝子府（这座四合院始建于嘉庆年间，内有古树数株，现为中国哲学暨文化研究所）冲突。建成的体育馆与周边的现代建筑相辅相成，又保护了古朴的四合院风貌。

图5.44 奥运乒乓球馆西立面。李敏摄。

过往路人远远就能望见顶部巨大的球体和流线形的屋脊,这个造型,来自设计者精心构思的"中国脊"的理念:

民族之脊 —— 百折不挠的精神象征

北大之脊 —— 中国现代教育的脊梁

国球之脊 —— 中国体育运动的脊梁

建筑之脊 —— 传统建筑灵魂的体现

设计者不但将中国传统建筑所具有的坡屋顶纳入到构思中来,还多处使用现代的手法对传统建筑元素进行抽象与概括,例如:"旋转起伏的屋面是中国传统坡屋顶基于现代建筑手法的变异,曲面形式的屋檐则是对传统建筑斗拱挑檐的高度概括,而立面上的斜向网格则源于中式的斜格窗花,映衬在不规则的虚实变化之中。建筑外立面呈框架状矗立的素混凝土板,是从中国传统建筑的结构形式中获得的灵感,其端庄的构图形式能够与周边其余的北大建筑取得呼应。"

建筑内部的安排,符合奥组委和国际乒联对于比赛的所有要求,并能满足观众、运动员、媒体、贵宾、赛事管理、场馆运营等各条流线的需求。为体现绿色奥运的精神,特别考虑了环保节能要求,除了采用数字化信息管理系统对空调、通风、照明及其他用电设备进行自动控制调节,还从建筑本身构造入手:维护结构分为内外两层,之间的环廊冬季可以保暖隔热,夏季可以通风降温;屋顶的中央弯隆,为可开启式窗,保证了室内的自然采光和通风。

乒乓球馆在奥运之后便成为北大的综合体育馆。其中最大的场地可胜任乒乓球、篮球、羽毛球等项目的国家级比赛和专业运动员的训练,还可利用为学生活动场所如大型学生集会和文化表演等,其他功能区域也相应改变,以期在校园活动中受到充分利用[13]。

[13] 记者区改为乒乓球训练馆,VIP区改为体育舞蹈房,志愿者用房改为形体训练房,地下二层热身场改为游泳馆和壁球馆;赛事管理用房改为体育教师办公室及培训教室等设施;赞助商区改为体育沙龙;地下新闻媒体用房改为车库。

校史馆

校史馆是从西侧门进入学校时可见的主要景观，居于"勺海"之上。校史馆也是百年校庆之际主要基建项目之一，由任职于名古屋铁道株式会社的北大校友谷口清太郎倡导集资，1998年5月校庆时奠基，2001年落成，次年校庆日正式开放。馆舍分三层，建筑面积4100㎡，由于靠近西门核心景观区，建筑体量不宜高大，校史馆主要利用地下空间，地面仅可见一层，其台基高起于勺海的叠石岸，采用简化的庑殿顶，屋檐没有曲线，加上檐面的双数开间，颇有汉代之前建筑的简约风格[14]。墙面与台基镶嵌着乳白色花岗岩，正面是落地玻璃窗，则体现出轻快通透的现代建筑形象（图5.45）。校史馆地面层列展介绍了百年来北大的几百位历史名人，地下两层是"北大发展史展"，同时设有研究室、资料室、藏品室等，保存了大量图文资料和校史文物实物。

[14] 根据汉代画像砖与明器，可知汉代时民居基本是屋面平直的，但据文献推测一些高形制的建筑可能已出现曲面的屋檐；此外汉代及之前突出中轴线的意识不强，多有偶数开间与建筑两两对称的布局。

图5.45 校史馆。引自校史馆主页。

理科教学楼群

　　1985年，学校酝酿扩大理科教学楼面积，并将其作为"扩建工程的核心部分"，拟扩建的总建筑面积是29万㎡，理教就占了约11.3万㎡，为此成立了专门的领导小组，组织方案设计邀请赛。当时的校园规划是：原燕大部分与校园中部一部分为文科教学区，中部为公共教学区，东部为理科教学区，而且东部是"主楼群"，被规划为校园新的主体与新的中心，列入"七五"期间国家重点项目。

　　校园的发展转向东面，而理教是由东门进入校园所见的最重要景观，楼群北接老校园的东西主轴线，对建筑体量的要求在新时期有了质的增长，理教楼群的承前启后的重要性可想而知。这是第一座有意区分于传统、开启现代风格之路的大规模建筑群，深知尊重传统才是其挥洒现代气势的根基，既要反映80年代的新特征，还必须保留原有环境的特色，与联排建筑的东门内老楼在外观上要协调，体量上也不显突兀。

　　以当时的眼光看来，理科教学楼对外观进行了悉心的斟酌，院落布局相对集中，以留出更多绿化与活动场地，分为理科一号楼（数学科学学院、计算中心，1999年建成），理科二号楼（逸夫苑，与理科

图5.46　理科楼群构成的校园东部主立面。引自《北京大学理科教学楼群设计》一文。

一号楼由英杰交流中心相连接，1999年建成），理科三号楼（地学楼，1991年建成，和理二一样由邵逸夫先生资助，又称逸夫二楼），公共教学楼（1999年建成，2011年重建）和理科五号楼（1992年建成，现已重建），直到2003年金光生命科学大楼（理科四号楼）建成，楼群才算完工（图5.46）。高层部分集中于东门，向城市街道彰显主楼的雄伟气魄，西侧楼群则在台阶基座上作出后退的效果，显得舒展庄重（图5.47），迎合校内的园林风光，各单元间有绿化点缀，西北角空作园林布置（图5.48）。此外，红柱垂帘的敞廊，公共教学楼由抹角产生的八角形，东侧高层建筑的上两层挑出，辅以遮阳板样式作出传统建筑盝顶[15]的效果，以及瓷砖面墙、青色屋顶对旧校园色彩的呼应，都是从细部寻求与传统风格的协调。

　　金光生命科学学院大楼在理教楼群中外观与建造技术都是最为现代的——外观协调于校园环境的同时，还需采用先进的建造技术以满足各类专业试验室对建筑环境的要求，如洁净技术、防幅射、防空气溢漏、恒温恒湿。生科楼延续了理科楼群的造型，但深灰色面砖显得更加稳重；入口处是简洁的柱廊与玻璃幕墙，取消了原理科楼群的退台处理，形态简洁而更具有现代感。其平面布局是四边围合的"口"字形，底层中央是阳光大厅，附有开放性图书馆，以利于师生们交流讨论，之上的标准层在南北两边分布实验室，东侧是共享的公共实验设备，西侧为公共垂直交通、卫生间和面向校园绿地的休息厅等[16]。

图5.47 （左）理教公共教学楼。北京大学出版社提供。

图5.48 （右）理教西北角的草坪。北京大学出版社提供。

15 盝顶是中国传统建筑的屋顶形式之一，源自"覆斗形"顶，即屋檐向上收分至一个方形的平顶，由于曲面屋檐的面积小，造价低，传统景观区建新建筑时常采用这种屋顶，建造成本低且与周围景观协调。

16 引自《北京大学生命科学研究楼》，《建筑学报》，2005第5期。

第二教学楼楼群

第二教学楼于2007年落成，当时这座公共教学楼最年轻，外观和内部空间设计上也更为自由和时尚（图5.49）。二教折为两部分，地上5层，地下3层，高24米，共有74间教室，其中200人以上的教室8间（全部设置在一、二层，以充分利用接地疏散），可容纳7380人同时上课。二教与随后经修缮重开放的三教四教围合成一个庭院，统一采用端庄素雅的灰色调、框架化的玻璃长窗、简化的坡屋顶，以求与周围环境相协调。二教面西的主入口采用了一个开敞的大门廊，颇具典雅的学院气氛。教室以外也开辟了宽敞的公共空间，供学生交流和休憩，二教给人的最鲜明印象，就是层层宽阔的平台和楼梯穿插连接所造成的明快的空间过渡（图5.50）。教学楼的设计从节能环保角度着眼，教室以自然采光通风为主，交通空间也是自然采光，中庭还能起到综合节能的作用。楼内设有网络及电话、有线电视、有线广播、保安监控、楼宇自控、教学监控、多媒体教学、视频远传和BAS节能管理等多个系统，真正做到了教学管理自动化。二教是学校目前最先进的教学楼。

图5.49 （左）二教内部的阶梯教室。李敏摄。

图5.50 （右）二教北入口内大厅。李敏摄。

光华管理学院大楼与国际关系学院大楼

　　光华管理学院大楼与国际关系学院大楼是最早建起的社会科学院系楼，对协调与燕园的环境给予了更多的考虑，也都是社科楼群中较优秀的范例。

　　光华管理学院大楼（图5.51-5.52）处于现代风格的百年讲堂、电教、理科教学楼群和风格较古朴的老化学楼之间，平面布局为三合院形式，重复了老北大的三合院母题，三合院的开口面向西侧绿地，直接延伸了五四路的绿化。建筑的屋顶采用了深灰色琉璃瓦四坡顶，外墙以明快的白色构架结合灰色墙面，使其现代形式不至冲撞校园的古典风格。

　　光华楼不仅要满足学院本身教学与科研的需求，还需为促进企业界及国际学术单位间交流提供会议场所。楼内综合布局了行政管理与教学科研空间，以及集会研讨教室，还有图书室、电脑中心等公共服务用房。可贵的是在设计之初，学院就提出各单元采用模数空间（教员室为最小单位，教室等大空间为其倍数），除大空间用空心砖墙体外均以轻质隔墙维护，满足弹性调整和扩展的可能性。管线与井字梁结构以露明为主，仅特殊需要之处有局部吊顶，内部装修美观而节约，也方便维护。

图5.51　（左）光华管理学院大楼西面。李敏摄。

图5.52　（右）光华管理学院内部（连廊）。引自《建筑创作》2002年第1期。

图5.53 国际关系学院大楼。邓岩摄。

图5.54 国关大楼内部的庭院。李敏摄。

图5.55 国关大楼内部大厅。李敏摄。

国际关系学院大楼建筑面积约9500㎡,位于静园六院西侧,与南、北阁一路之隔,被传统风格的老燕大建筑围合。在此特殊地段修建大型建筑,多方面因素受到考量。首先是遵循西门入口和荷花池一侧12米的建筑高度控制,立面做坡屋顶,外观采用灰白黑色系:白色柱廊、灰色钢廊、米色大理石入口,朴素中流露出雅致(图5.53),顺应从西校门和勺海长亭进校以后的景观。

国关大楼以靠近静园的若干古树为中心展开设计,它们被完整地保留下来,并且作为建筑群的核心加以突出,环绕这一处静谧的院落(图5.54),建筑群根据功能不同分为南北西三个体块,围合穿插。南楼地上三层,北侧是高档的会议报告厅,南侧为教学用房,交通相对独立,可从楼外钢梯直接进入;中楼三层,全部为科研用房,内部楼梯连通,自成一体;北楼为办公管理科研用房,设置了建筑的主要入口;地下一层设有停车场、设备间和学生活动中心等。

建筑内部装修多使用青砖、木材,同时注重房间的通风、采光、节能等方面的生态设计。现代建筑中常用的简化柱廊、阳光大厅、露台、廊道等空间元素都在国关楼中体现出来,丰富的空间层次与光线效果,给人良好的视觉感受(图5.55)。

东门外社会科学楼群

2006年起，东门外成府村旧址上相继落成社会科学院系楼群，它们都广泛采用现代建筑元素，比如大面积玻璃表皮，阳光大厅，落地窗，室内开放流通的空间布局与室外的绿化庭院，以及二楼起直至顶层标准化的办公单元（图5.56）。

楼群主要沿连接未名北路与中关村大街的东西向主路及其北向伸出的一条辅路布局，最先建起的是主路尽头北侧的政府管理学院大楼廖凯原楼（图5.57），L状的形体围护住一座四合院，即成府村拆迁中作为顾颉刚先生故居保留下来的蒋家胡同3、5、7号院（其中5号，即旧编号的3号院，是顾颉刚故居，另两座是拆迁时

图5.56 社科楼群内部装修。曹曼青摄。

移来合建的），四合院融入一个更大的绿化庭院（图5.58），为廖凯原楼和随后建起的法学院陈明楼所共享，陈明楼外形简单，但南隅的咖啡厅巧借了周围树木的绿荫，也点缀了建筑的立面；陈明楼西面与光华管理学院二号楼（企业家研修院）隔辅路相对，两栋楼的南面隔着主路分别是微电子大厦和法学院的行政楼凯原楼，还有预留给艺术学院院楼与音乐厅的基地。企业家研修院以一长列的柱廊面街，尽头凌空一架走廊连通路对面的副楼，增强了景观的整体性。

图5.57 廖凯原楼。邓岩摄。

光华楼以北是经济学院新楼，为了利用地下空间，首层半沉入地下，而正立面

图5.58 成府村拆迁保存的四合院，顾颉刚故居。曹曼青摄。

图5.59 经济学院系楼正门，高台阶起到了台基的强调作用。引自网络。

气派的大台阶直通二层（图5.59），再往北是在建的景观设计学院大楼（图5.60），与这两座院楼隔路相望的分别是校医院新楼和博雅国际酒店。

光华管理学院企业家研修院是目前东门外社科楼群中规模最宏大的建筑，建筑面积29933㎡，以一列简洁但颇见气势的柱廊引导至入口空间，一二两层是通高的玻璃幕墙，只在西侧布置教室，开敞明亮，一个大斜坡打通了一二层的空间，第三层开始是标准化的办公室，沿并行的两道走廊布局，走廊中布置着咨询台分隔不同单位的办公区域，楼身虽长也不显单调。

大楼中引用了很多当代流行的内部空间处理手法，除了连通一二层的大坡道，二楼的南端有一个开放的书屋，较为封闭的办公楼层中安插了半开敞的开水/洗手间，楼体之中玻璃天顶采光的咖啡座，点缀以前卫的雕塑。

图5.60 景观设计学院大楼效果图。北大基建工程部提供。

5.2.3 起居生活

与学生日常起居关系最密切的当属食堂、超市和宿舍。90年代以降，它们在北大的建设中也占了相当的地位。

农园食堂是校内最大的学生食堂，在原教工食堂和原燕春园餐厅旧址上建成，由餐饮中心（图5.61）和配送中心组成，高16.5米，共三层（一层为自选菜品，二层为各地风味菜品窗口，三层为点菜餐厅），建筑面积9700平方米，可供2100人同时就餐。温家宝总理在2003年非典时期和2005年五四运动85周年之际，两次来到农园食堂与北大师生共进午餐（图5.62）。

农园食堂的外观也考虑到周围建筑环境的总体风格，选用灰砖贴面和30度坡屋顶，同时采用了大面积的玻璃幕墙和轻盈的钢结构表达开放的建筑性格和现代性。室内装修用鲜艳的红橙色系，配以绿色植物（图5.63）。

由于是学校东部教学区唯一的食堂，比邻二三四教和电教、理教，农园食堂存在用餐时间集中、人流量大等问题，对此设计者采用了全方位出入、短流线疏散、长流

图5.61 农园食堂北立面。李敏摄。

图5.62 温家宝总理在农园食堂就餐。引自未名BBS。

图5.63 (左)农园二层室内。李敏摄。

图5.64 五四运动场。曹曼青摄。

线销售等策略，厨房、洗碗间、配送中心等功能区的设置也适应了高校现代化食堂先进的服务管理方式。

1952年迁校之初五四运动场即已落成，现在的规模则是出自学校为迎接第二十一届世界大学生运动会的召开而进行的改造，遵循了国际大运会使用标准。翻新后的五四运动场有精确平整的跑道，天然草坪，排水喷灌系统，排球、篮球、手球等项目场地，室内羽毛球馆游泳馆等完善设施（图5.64）。

50年代建起22至26楼，28至32楼以及35楼至今仍是学生宿舍，1987年45-48楼学生宿舍竣工，后出于校园扩展的需要，34楼至45楼都被拆除重建（主要由北京市住宅建筑设计研究院设计，图5.65）。

80年代建造的45至48楼都是联排的三单元，临校园的西墙分列，加建的45楼甲乙与45楼组成了三合院；2000年之后重建的33至42楼则在五四路向西的

图5.65 老37楼。引自网络。

表2 学生宿舍楼指标

	总建筑面积(m²)	房间使用面积（m²）	宿舍数量	竣工时间	配备
28	5002（四层）	13.2	216	1955	
29/30	2887（四层）	12.4	130	1955	
31	5002（四层）	13.2	241	1955	
32	3101（四层）	14.7	119	1956	
33	8122（六层）	20.36	145	1998	浴室、自习室
34A	5519.5（六层）	22.04	117	1999	浴室、自习室
34B	4061（六层）	22.36	71	1998	浴室
35	3101（四层）	14.7	112	1956	
36	8065.4（六层）	21.9	230	2003.8	浴室、自习室
37	8319.2（六层）	21.8	230	2003.8	浴室、自习室
38	8057（六层）	18.76	203	2004.7	浴室
39	7090（六层）	18.76	243	2004.8	浴室、自习室
40	7675.7（六层）	21.87	218	2005.12	自习室
41	8202.6（六层）	21.87	213	2005.12	自习室
42	6698（六层）	21.87	194	2005.12	浴室、自习室
45	6285（六层）	14.2	233	1985.8	浴室、文艺室
45甲	7734.5（六层）	22.77	215	2000.8	浴室、自习室
45乙	8423.2（六层）	22.77	235	2003.8	浴室、自习室
46	6034（六层）	14.2	225	1985.8	
47/48	5450（六层）	14.2	199	1985.8	浴室

支路南侧围合成三个院落。新的宿舍楼采用了现代建筑的简约外形，内部环境也远优于老楼，宿舍内更加宽敞，有阳台，每层都安排有自习室或浴室，不过老楼冬暖夏凉，绿荫簇拥，新旧宿舍是各有所长的（图5.66）。

图5.66 新老宿舍楼群。曹曼青摄。

5.3 风格流变

　　50年代北大的扩建实则顺应了当时的建筑潮流，政治上的独立与统一鼓舞着建筑师的爱国热情，在强烈的民族主义信念激励下，他们努力寻求中国传统在建筑领域的系统表达方式——既与原有建筑协调，又能表达"社会主义内容、民族形式"。虽然做法多数停留在将中式的大屋顶覆盖于西式的砖混结构的屋身上，终究是建筑师出于民族情感的自发探索。

　　考虑到北大的传统风貌，即使是现代建筑风潮渐起之时，北大的扩建仍旧谨慎考虑传统风格的融合，理教和图书馆新馆的设计都是在这一方向上的尝试。同时现代建筑的比重也一直在增长，早在50年代第一次扩建，就有28至31斋效仿了苏联风格，1959年的物理大楼，1974年的图书馆与电教中心，到80年代初开始修建的勺园，都没有固守传统建筑风格，经过理科教学楼群和图书馆新馆的过渡，到90年代末开始有典型的现代风格建筑起于校园，初时分散于学校各处，之后则在东门外集中布局，这里离校园的核心景区较远，现代建筑的风格得以较少约束地表现出来。

　　现代建筑扩张的势头近来经受了愈发密集的反思，目前在新生命科学楼的方案设计中，一个模仿20年代墨菲设计的燕京大学建筑风格的方案受到了师生的普遍欢迎。较之其他几个现代风格的方案，大家更倾向于选择复古风格的方案（图5.67）。更有人提出希望按照复古风格，对北大东门一带建筑的外立面进

图5.67 北京大学生命科学学院新楼设计方案竞赛公示的设计方案之一。建筑学研究中心资料室提供。

行改造，于是北京大学东门设计方案竞赛所公示的候选方案或模仿宏伟的门楼，或诉诸风水理论采用了照壁的意象（图5.68）。校内开设的中国传统建筑课程调查显示，大部分同学更喜欢燕园的传统复古式的建筑，而对校内风格各异的现代建筑微词不断，或指其外观单调乏味，或指其空间难以使用。当面临传统与现代两种风格的选择，北大在文化与情感上总是倾向于前者的，事实上自1999年以来，北大共新建翻建仿古建筑10029㎡，投资金额3344万元，不可谓不尽心。

建筑师难免将其视作现代建筑探索的窘境——偏向传统，终究是质疑中国建筑行业探索现代风格的能力。而青睐传统风格的人偏重建筑承载历史文化记忆的作用，认为既然我们曾试图创新却收效甚微，未尝不能回归已为广泛认同的传统式样，现代建筑风靡中国的状况也有矫枉过正之势。

撇开新旧风格的僵持，为了给新建筑让路而不得不退出的老建筑也引起了人们的关注。虽然北大表示，在学校的建设规模与文物保护相冲突时向来坚持保护文物优先的原则，并且在保护校内古迹的修缮工程中不遗余力，但是扩建始终在侵蚀老园子的地盘。

除了东门外成府村的拆迁，2003年为建国际关系学院大楼，四合院佟府3号被拆，它的历史可追溯至康熙朝大臣佟国维的别业。2007年为建教育学院新楼，

图5.68 北京大学东门设计方案竞赛公示的设计方案之一。建筑学研究中心资料室提供。

[17] 北大校方的意见是根据《未名湖燕园建筑文物保护总体规划》，南门内的16号-27号楼不属于文物建筑，尚不在北京优秀近现代建筑保护名录中，但这些大拆大建的行为还是引发了各方的争论。

新北大时期的27号楼被拆除；2009年，新闻与传播学院新楼举行奠基仪式，25号楼预计成为南门建筑群中要消失的第二栋建筑，但2011年，16-18楼合院已经被夷平，计划新建学生活动中心。[17]新闻传播学院副教授周忆军写了博文《即将消失的危楼》，感慨这群旧楼精致的砖砌及其与植被的亲密，楼前绿荫占据了停车的空间，而"只能寄放一两首小诗或者与爱情相关的千百桩记忆"。

重建又确实是势在必行的事，砖木结构建筑的寿命在50年左右，南门建筑群年已老迈，早就打上了钢筋构件以加固楼身。而比砖木衰老得更快的是筒子楼代表的生活方式，鳞次栉比的现代公寓排挤着筒子楼中拥挤、低矮、尤其是私人空间奇缺的生活，邻里固然可贵，商业社会的繁华却更加诱人，筒子楼在90年代步入了"末代"，是知识分子待遇低下的象征。

即使只是作为学生宿舍，仅存的几座50年代老楼也越来越引起学生的不满。2009年12月，校学生会针对28-32楼和35楼这六幢学生宿舍楼做了调查，指出了老宿舍楼的很多缺陷：空间狭小（人均使用面积还不足规定的8平方米的一半）、内部布局不合理、采光通风效果差、墙体渗水、设备老化等安全隐患以及没有洗澡间和制冷隔热设施（空调电扇与楼顶隔热层），而对原先楼体的小修小补几乎不可能彻底解决这些问题。

北大的师生并不会排斥新建筑，然而希望它们也会像老建筑那样让人感到亲切，希望学校不要遍布建筑工地如同土地之疮痍。何况学校重在理性与人文的精神，自乔迁燕园已有半个多世纪，新建的浪潮也历经三轮，足以让我们通过自省来面对未来的困惑。

在这半个多世纪中，传统风格外只有苏联风格在校园中占下了一席之地。1998年图书馆的改造，说明学校内部愿意接纳的永远只是民族风格和时代最新的风潮，而随着时光流逝，后者总会脉脉地向前者融合。另一条并行主线则是北京大学的迁入为这一古老校园带来的少年心气，与学宿的大通间，大饭厅的简陋桌椅和巴掌大小的三角地共存的，是同窗们以求知热情和理想主义摆渡的青年岁月。

季羡林先生曾提议将北大的渊源追溯到太学，让人铭记，中国的知识分子来源于古代的"士"——或曰"修身齐家治国平天下"，或曰"为天地立心，为生民立命，为往圣继绝学，为万世开太平"，面对着家国与文化的重任，士自视为一个当仁不让的群体。另一方面，中国早有学校议政的传统[18]，在左右舆论、澄清是非方面，学校应该走在前列。

相比于中华文明悠久的庠序之教，区区百岁的北京大学显得童稚未开，但贯穿于这百年间对科学与人文、对社会正义与国家富强的追求，正是一脉相承自太学的精神。知识分子固然有种种缺点，但他们的核心只是追寻理想价值的单纯与执着，若将这种朴实外化为校园的景观，我们也许会更深地理解：所谓大学者，非谓有大楼之谓也，有大师之谓也。

回首新北大最初的年月，我们不免慨叹其物质上的拮据，但面对她在精神上的洋洋大观，只有兴叹。若北大的每一处建筑与园林都保护着这种朝气，又复何求。

[18] 即天子和朝廷的各级官员每月定期到太学恭听祭酒南面讲学，而祭酒可以直言不讳的指正政治上的过失错误。"天子之所是未必是，天子之所非未必非，天子亦遂不敢自我非是，而公其非是于学校。"明末黄宗羲的"学校议政"思想已是较成熟的理论，是中国近代代议制思想的萌芽。

主要参考文献

[1]   方拥. 中国传统建筑十五讲[M]. 北京:北京大学出版社, 2010.

[2]   蔡元培. 蔡元培美学文选[M]. 北京:北京大学出版社, 1983.

[3]   侯仁之. 燕园史话[M]. 北京:北京大学出版社, 2008.

[4]   唐克扬. 从废园到燕园[M]. 北京:三联书店, 2009.

[5]   中国第一历史档案馆(编). 英使马戛尔尼访华档案史料汇编[M]. 北京:国际文化出版公司, 1996.

[6]   沈理源. 西洋建筑史[M]. 北京:知识产权出版社, 2008.

[7]   燕京大学校友校史编写委员会(编). 燕京大学史稿[M]. 北京:人民中国出版社, 1999.

[8]   梁启超. 中国近三百年学术史[M]. 北京:东方出版社,1996.

[9]   汪荣祖. 追寻失落的圆明园[M]. 南京:江苏教育出版社, 2005.

[10]   童寯. 童寯文集[M]. 北京:中国建筑工业出版社, 2000.

[11]   梁思成. 梁思成全集[M]. 北京:中国建筑工业出版社, 2003.

[12]   梁思成. 中国建筑史[M]. 天津:百花文艺出版社, 2005.

[13]   梁思成. 建筑文萃[M]. 北京:三联书店, 2006.

[14]   乐嘉藻. 中国建筑史[M]. 贵阳:贵州人民出版社, 2002.

[15]   张复合. 北京近代建筑史[M]. 北京:清华大学出版社, 2004.

[16]   崔勇. 中国营造学社研究[M]. 南京:东南大学出版社, 2004.

[17]   陈志华. 中国造园艺术在欧洲的影响[M]. 济南:山东画报出版社, 2006.

[18]   赖德霖(主编). 近代哲匠录[M]. 北京:中国水利水电出版社、知识产权出版社, 2006.

[19]   赖德霖. 中国近代建筑史研究[M]. 北京:清华大学出版社, 2007.

[20]   赵辰. 立面的误会[M]. 北京:三联书店, 2007.

[21] 林洙.中国营造学社史略[M].天津:百花文艺出版社,2008.

[22] 董黎.中国近代教会大学建筑史研究[M].北京:科学出版社,2001.

[23] 张宝章.畅春园记盛[M].北京:开明出版社,2009.

[24] 贾珺.北京私家园林志[M].北京:清华大学出版社,2009.

[25] 肖东发.风物——燕园景观及人文底蕴[M].北京:北京图书馆出版社,2003.

[27] 圆明园管理处(编).圆明园流散文物[M].北京:文物出版社,2007.

[28] Jeffrey W.Cody(郭伟杰).*Building in China:Henry K.Murphy's "adaptive architecture," 1914-1935*[M]. Hong Kong:the Chinese University Press,2001.

[29] [日]冈大路.中国宫苑园林史考[M].瀛生,译.北京:学苑出版社,2008.

[30] [美]周策纵.五四运动——现代中国的思想革命[M].周子平,等,译.南京:江苏人民出版社,1999.

[31] [法]佩雷菲特.停滞的帝国——两个世界的撞击(第二版)[M].王国卿,等,译.北京:三联书店,1995.

[32] [英]马戛尔尼.1793乾隆英使觐见记[M].刘半农,译.天津:天津人民出版社,2006.

[33] [英]斯当东.英使谒见乾隆纪实[M].叶笃义,译.上海:上海书店出版社,2005.

[34] [法]Alain Peyrefitte,William Alexander.*Images de l'Empire immobile*[M].Paris:Fayard,1990.

[35] [美]约翰·司徒雷登.在华五十年——司徒雷登回忆录[M].程家宗,译.北京:北京出版社,1982.

[36] [美]舒衡哲.鸣鹤园[M].张宏杰,译.北京:北京大学出版社,2009.

[37] 耿威.清代王府建筑及相关样式雷图档研究[D].天津大学博士论文,2010.

跋

朱青生

　　园林是城市中人与自然协调的努力，建筑为天地间人向自然较量的后果。而北京大学的建筑和园林却多了一层对近代历史的隐喻。也许，这就是方拥教授率其弟子以一部书作成建校110周年华诞贺仪之不同寻常所在。有了这部书，所有关心北大的人更会了解在什么时候、什么地方围设出怎样一片校园作精神家园，把一个校园写成心中怀想和情绪寄托，荡漾到今后，这边又将如何？

　　建筑总比人生坚固，园林存在也较意识形态的流变绵长。书中讲述似乎是北大的校园史，其实不是，而是燕园中人们的过往。这块风水绝佳的地域，曾经是名臣别业旧日上苑，帝后的车辙与权贵的徜徉，在禁人涉足的神秘中将田亩阡陌变成了历史的前奏。本书以沉重的笔触记叙了1793年8月21日英国使团下榻在此，中国近代史上巨大耻辱和奋发由此启端，此时离北大建校还有105年。紧接着西风东渐，新学涌起，正当北大在国家心脏的城中皇宫之旁营建堂奥的同时，迭映出西方人的传教和开发的平地高楼。积弱的国家和深沉的文化，在园林和建筑的空间处处暗自较量，互为交会。书中教人一一看去，心情随之起伏。终于，却在一个美国人的手中，建成了一个"中国最美丽的校园"。但是，事情并非如此简单，如果没有后来燕京大学的创设，没有北京大学的迁入，也许山就是另外几弯坡岸，海依旧为几泓池沼，意味则完全不同，自古陋室尚且如此，何况当今一片山池？

　　国家下令作为重点文物保护着的这块地域，其实，燕园不过是中国近代诸多建筑中的较为完美的一座，那是燕京大学的荣光。而自从北大迁入之后，随着国家的需要、人民的期望、时代的要求而扩建增设。这或为简括，或待增葺的舍室厅堂，都是和历史的事件和出入的人物密切关联，书中似乎对此只是略为提点。有心顺之索隐，就能发现，因为大学之有大师，使得高柳蝉鸣，说不尽深意，而中夜灯影，却融透着古今。多加回顾，由于一百一十年英才的踟蹰，致使白墙青瓦，尽化作时代的记忆；路径门关，走出过政治、经济和学术的多少领军？因此，北大的园林，处处同人相关，以致花非花，树非树；北大的建筑，座座与事相连，反而说不尽，正分明。书中更让人联想之处，在于此。

然而，本书毕竟是一部建筑学的著作。既然由北大建筑学研究中心操持，处处用专业的眼光把园林的渊源和建筑的节点揭示标明。又挑出一条北大建筑学教育的线索，时为断续，从头又起。北大的建筑系时在艺术学院，时在工学院，如今又在环境学院，是否可以建立艺术部，下设音乐学院、美术学院、建筑学院、景观学院、设计学院、电影学院、数字艺术学院？艺术殊途而同归，但并非内涵一致，合则不知所措，殊却相得益彰，方拥教授为什么会令我先读此书，使我这个非建筑教授，平添无限关切。也许从专业的角度，建筑史是广义的艺术史，同行惠我在先。作为同事，我和方拥都在学校担任校园规划委员，我能感受在书中方老师和撰文绘图的年轻同事都对北大的园林建筑怀有一种担忧和挂念。

园林的气息，得天文地理之赐，养成于天然。而建筑的文脉，一百多年的过去逐渐奠定一种品位，最容易被权势和利益摧折，甚至被个别单位的急用所损毁。方拥带人写出以往，虽没有作春秋评议，书中的园林和建筑在使用、改造和建设之间，既有沉潜，也有浮躁。既有容与，又有窘迫。既有横而不流的大学本色，也有急利邀宠的文痞习气。建筑史家唯有一书，将温良急切之心隐约在字里行间，为将来保留下气息文脉。新人来时，也许在五年之后，也许在五十年之后，也许再过一百一十年，"藏山蕴海"的深意，全凭读者以体谅！

是为跋。

2008年3月27日

人文学苑　校医院

燕东园

第一体育馆

名湖

二教

馆

理教

中关园

年讲堂

二教　四教

农园　三教

邱德拔
体育馆

五四体育场

南门

马磊绘制

图书在版编目（CIP）数据

藏山蕴海：北大建筑与园林/方拥主编. —2 版.
—北京：北京大学出版社，2013.5
（燕园记忆丛书）
ISBN 978-7-301-22439-7

Ⅰ. ①藏… Ⅱ. ①方… Ⅲ. ①北京大学－教育建筑—
介绍②北京大学－园林建筑—介绍　Ⅳ. ①TU244.3

中国版本图书馆 CIP 数据核字（2013）第 081337 号

书　　　名：藏山蕴海——北大建筑与园林（第二版）
著作责任者：方　拥　主编
责 任 编 辑：梁　勇
标 准 书 号：ISBN 978-7-301-22439-7/TU·0321
出 版 发 行：北京大学出版社
地　　　址：北京市海淀区成府路 205 号　100871
网　　　址：http://www.pup.cn　　　新浪官方微博：@北京大学出版社
电 子 信 箱：pw@pup.pku.edu.cn
电　　　话：邮购部 62752015　发行部 62750672
　　　　　　编辑部 62750883　出版部 62754962
印　刷　者：北京翔利印刷有限公司
经　销　者：新华书店
　　　　　　880 毫米×1230 毫米　A5　8 印张　222 千字
　　　　　　2008 年 4 月第 1 版
　　　　　　2013 年 5 月第 2 版　2013 年 5 月第 1 次印刷
定　　　价：45.00 元